好食光

萨巴蒂娜　主编

U0125400

10分钟暖胃早餐

中国轻工业出版社

目录

PART 09
预制美味来帮忙

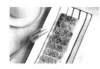

计量单位对照表

1茶匙固体调料=5克	1茶匙液体调料=5毫升
1汤匙固体调料=15克	1汤匙液体调料=15毫升

PART 01

煮锅来帮忙

清爽好滋味
芦笋蛋沙拉

⏰ 10分钟　🔨 低

这是一款健康的减脂早餐。芦笋鲜嫩可口，搭配营养丰富的鸡蛋、清爽的酱汁，仿佛把一片明媚的春色盛入盘中，让人胃口大开。

主料
芦笋6根 ▎鸡蛋1颗 ▎圣女果6颗
红黄椒各15克 ▎球形生菜100克
辅料
油醋沙拉汁 ⏱ 2汤匙 ▎盐1茶匙
注：⏱ 标识表示本道菜谱中可以运用到的省时省事小窍门。

做法 ▎⏱ 市面上有现成的沙拉汁可以直接买来使用，也可以自制一些保存，随时取用。

1　芦笋洗净，去尾，切成小段。

2　锅中烧水，沸腾后放入芦笋段，加入盐煮2分钟，捞出备用。

3　鸡蛋放入水中煮至全熟。煮熟的鸡蛋去壳，切小块。

4　圣女果洗净，纵切为4瓣。红黄椒洗净去蒂，切小块。球形生菜洗净，掰成小块。

5　将提前准备好的沙拉配菜放入碗中。

⏱ 使用方便调料

6　倒入油醋沙拉汁即可。

烹饪秘籍

除了油醋汁，也可根据自己的口味选择喜欢的沙拉酱汁。

鲜嫩丝滑
鸡蛋杯沙拉

⏰ 10分钟 🍴 中

除了平常的水煮蛋、荷包蛋以外，还可以尝试一下这款沙拉。营养美味又别出心裁，让一成不变的早餐变得不再单调！

主料

鸡蛋2颗 ▎洋葱15克 ▎胡萝卜15克

辅料

沙拉酱1汤匙 ▎盐1/4茶匙 ▎黑胡椒1/4茶匙

做法

1　鸡蛋煮至全熟，捞出过凉水去壳。

2　洋葱、胡萝卜洗净后去皮切碎末。

3　鸡蛋对半切开。将蛋黄取出，放入碗中。

烹饪秘籍

煮蛋时，一定要煮至全熟，这样在后面加沙拉酱搅拌好，口感才最好。

4　蛋黄碗中放入洋葱和胡萝卜碎，搅拌均匀。

5　再放入沙拉酱、黑胡椒和盐，继续搅拌均匀。

6　将搅拌好的蛋黄酱再盛入蛋白杯中即可。

色彩斑斓的人气组合
金枪鱼沙拉

⏰ 10分钟　🥄 低

主料

水浸金枪鱼罐头1罐

球生菜（中等大小）半棵

紫甘蓝1/4棵 ┃ 黄瓜1根

玉米粒100克 ┃ 圣女果10颗

辅料

现磨黑胡椒碎少许 ┃ 经典美乃滋适量

做法

1　将玉米粒放入滚水中煮30秒后捞出，沥干水备用。

2　将黄瓜洗净去皮，滚刀切成小块。

3　将水浸金枪鱼罐头打开一条小缝，将汁水倒出。

👨‍🍳
— 营养贴士 —

水浸金枪鱼当中既含有丰富的ω-3脂肪酸，热量又低，口感非常清爽。根据"五色入五脏"的养生论，各色蔬菜提供不同的营养，美貌低脂又营养的沙拉当然非它莫属。

4　倒出金枪鱼，捣成泥，加入2勺经典美乃滋，和冷却的玉米粒，搅拌均匀。

5　将球生菜与紫甘蓝洗净，切成细丝铺于盘底，四周多，中间少。

6　将玉米金枪鱼泥倒在生菜丝上，撒上黄瓜块。

烹饪秘籍

黄瓜除了切成小块，也可以擦成细丝一并铺于盘底。圣女果可以对半切开，摆成心形，更为漂亮。

7　圣女果洗净对切后摆在盘子四周，或点缀于金枪鱼泥之上。

8　撒上现磨黑胡椒碎即可食用。

粉绿紫黄红，五彩斑斓的颜色，种类丰富的食材，富有层次的口感，使这道沙拉成为许多西餐厅的热捧菜式。家庭制作起来也非常简单。

清新的韩式小菜
韩式豆芽沙拉

🕐 10分钟　🥄 低

豆芽是韩国料理中常常出现的小菜，搭配清香的水芹做成沙拉，以芝麻为主的调味，浓香扑鼻，惹人食欲。黄豆芽是一种高纤维、高水分、低热量的蔬菜；水芹钙质含量丰富、水分高、热量低，两者搭配，是一道有助减肥的小菜沙拉。

主料
黄豆芽300克 ┃ 水芹100克

辅料
韩式辣椒酱10克 ┃ 酱油1茶匙 ┃ 蒜泥2茶匙

熟白芝麻1茶匙 ┃ 香油1茶匙 ┃ 干辣椒碎少许

盐7克

做法

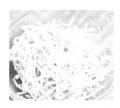

1 将黄豆芽掐去尾部，洗净沥干水。

2 水芹择去叶子，切成5厘米长的段。

3 锅中烧水，水开后加入5克盐，放入黄豆芽余烫，捞出控干水，放凉。

4 待水再次烧开，放入水芹段余烫，稍微变色立刻捞出，放凉，挤干水。

5 碗中放入蒜泥、香油、韩式辣椒酱、酱油、2克盐混合均匀，放入黄豆芽和水芹段拌匀。

6 将拌好的黄豆芽和水芹段装盘，撒上熟白芝麻和干辣椒碎即可。

烹饪秘籍

没有水芹可以用菠菜、香芹或者韭菜代替。可以用黑豆芽或者绿豆芽代替黄豆芽。

这种调味方式适合于各种余烫蔬菜，芦笋、豆角、青菜等均可。

温暖的蒸蔬菜

芝麻风味
温蔬菜沙拉

⏰ 10分钟　🥄 低

温热的蔬菜非常适合搭配芝麻沙拉汁，对于蔬菜的处理，蒸烫皆可，蒸的柔软、烫的清脆，两种都很美味。这道沙拉选择的都是纤维丰富、热量低的蔬菜。芥蓝富含维生素C、蛋白质和钙，热量却极低。

主料

芥蓝100克 ▏白果20粒 ▏圆白菜100克
荷兰豆50克 ▏玉米笋50克

辅料

芝麻沙拉汁1汤匙 ▏盐适量

做法

1　圆白菜洗净后撕成一口大小，芥蓝洗净后削去老皮，斜切成1厘米的片。

2　荷兰豆处理干净，玉米笋削去不可食的部分。

烹饪秘籍

蔬菜可以换成自己喜欢的品种，菜心、西蓝花、菜花都很适合。

3　烧开水，放入适量盐。依次放入玉米笋、白果、圆白菜片、芥蓝片、荷兰豆余熟，捞出控干水。

4　将烫好的蔬菜混合均匀，趁热装入盘中，淋上芝麻沙拉汁即可。

越吃越瘦的秘密
黑魔芋鲜虾西芹沙拉

⏰ 10分钟　🍖 低

主料

黑魔芋250克 ▏鲜虾100克（可食部分）
西芹100克

辅料

盐2茶匙 ▏橄榄油10毫升
千岛酱30克

做法

1　虾去头去尾，去除虾线，冲洗干净，沥干水。

2　西芹择去叶子，切去根部，洗净沥干水后斜切成薄片。

3　起锅烧一锅清水，加入1茶匙盐。

4　水开后先将虾仁放入，余烫至虾仁变红即可捞出。

5　接着把切好的芹菜片放入，余烫至水再次沸腾后即可捞出。

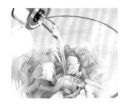

6　将烫好的虾仁和芹菜片一并放入沙拉碗中，加入1茶匙盐和10克橄榄油，拌匀稍微腌制2分钟。

7　黑魔芋洗净，切成适口的小长条。

8　将黑魔芋放入沙拉碗内，拌匀后装盘，在上面淋上千岛酱即可。

👨‍🍳
— 营养贴士 —

黑魔芋是由蒟蒻的块茎磨粉制成，富含膳食纤维，可延缓消化道对葡萄糖和脂肪的吸收，从而有效防治高血糖、高血脂类疾病的发生。

烹饪秘籍

黑魔芋在超市卖豆制品的冷藏货柜可以找到，也可以购买黑魔芋粉在家自制。

如果没有黑魔芋，也可以用袋装魔芋来代替。

黑魔芋是非常饱腹热量又低的神奇食物之一。西芹与虾仁同样也是热量极低的食材，放开了可劲儿吃，吃到撑也不会发胖！

颇具格调的小清新
鲜虾牛油果沙拉

🕐 10分钟　🍴 低

牛油果拥有森林系的色彩和奶油般的口感，虾肉粉嫩透明又柔软弹牙，搭配紫色脆生生的甘蓝菜和娇艳欲滴的多汁圣女果，简易几步，便能调出清新的颜色，满满都是健康生活的格调感。

主料

牛油果1个 ┃ 鲜虾300克 ┃ 圣女果10颗 ┃ 紫甘蓝1/4棵

辅料

香菜1小撮 ┃ 现磨黑胡椒碎适量 ┃ 青柠汁几滴
柠檬醋汁适量

烹饪秘籍

烹煮鲜虾一定要控制火候和时间，一般来说，水开后放入鲜虾，至虾壳变色后再根据虾的大小继续煮半分钟到1分钟即可，切记长时间烹煮会使虾肉老化影响口感。

做法

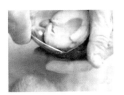

1　牛油果洗净对半切开，去除果核挖出果肉。

2　将牛油果肉切成1厘米左右的丁，滴入几滴青柠汁避免氧化变色。

3　鲜虾去壳去虾线，鲜虾煮至变红断生，捞出放凉。

4　将煮熟的鲜虾切成与牛油果大小相同的丁。

5　圣女果洗净去蒂，对半切开。

6　紫甘蓝洗净，切成厘米见方的小片。

7　香菜洗净去根，切成1厘米左右的小段。

8　将上述所有材料拌在一起，加入柠檬醋汁，撒上少许现磨黑胡椒碎调味即可。

本味就很好吃

蟹肉荷兰豆牛油果沙拉

⏰ 10分钟　🔨 低

荷兰豆和牛油果的口感一脆一软，对比鲜明，搭配清甜的蟹肉，再用基础油醋汁衬托出食材本身的味道，简简单单就很好吃。牛油果中的脂肪属于单不饱和脂肪酸，适合健身减肥的人士食用。

主料

荷兰豆200克 ▎牛油果1个 ▎熟蟹肉100克
综合生菜50克

辅料

基础油醋汁1汤匙 ▎盐1茶匙

做法

1　将荷兰豆择洗干净；综合生菜洗净后撕成适口大小。

2　烧热一锅水，放入1茶匙盐，放入荷兰豆煮熟，捞出控水。

3　牛油果一切为二，去核去皮，切成厚片。

4　将综合生菜片、牛油果片、荷兰豆放入盘中，摆上熟蟹肉，淋上基础油醋汁即可。

烹饪秘籍

1. 蟹肉可以选择蟹肉罐头或者新鲜海蟹拆肉。

2. 荷兰豆可以用甜豆或者豆角代替，一定要充分煮熟。

3. 用柑橘油醋汁替换基础油醋汁，风味更清新。

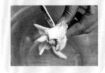

欧式家常味道
皮埃蒙特沙拉

🕐 10分钟 　🍴 低

皮埃蒙特是意法交界处的一个地区名，这道起源于该地区的沙拉，材料易得，制作简单，食材间的口感搭配也是恰到好处。

主料

番茄2个 ┃ 土豆2个 ┃ 法式切片火腿2片
俄式酸黄瓜6根

辅料

现磨黑胡椒碎适量 ┃ 法式芥末酱适量

烹饪秘籍

煮土豆时以熟透为宜，切不可久煮，不然搅拌时会失去形状而成为土豆泥。如果买不到法式的切片火腿，也可以用常见的火腿品种代替，但最好选择无淀粉火腿，以保证口感。

做法

1　土豆洗净去皮，切成小块。

2　放入沸水中以中火煮3~5 分钟，至土豆熟透。

3　捞出沥干水，放凉备用。

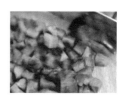

4　番茄洗净去蒂，切成小块。

5　俄式酸黄瓜沥干汁水，切成小块。

6　法式切片火腿切成小片。

7　将上述所有食材在沙拉碗中混合，加入适量法式芥末酱。

8　撒上少许现磨黑胡椒碎即可。

餐桌上的"五彩虹"
藜麦水果沙拉

🕐 15分钟 🍴 低

瞧！只看这色彩搭配口水都要流出来了，既有主食又有果蔬，低热量而富有营养，吃完浑身清爽。

主料

藜麦50克 ▎牛油果1个 ▎菠萝1/4个

红心火龙果1/4个 ▎紫甘蓝1/4棵

辅料

油醋汁1汤匙

做法

1　锅中放水，大火烧开后放入洗净的藜麦，转小火煮12分钟左右，捞出沥干备用。

2　紫甘蓝洗净，取1/4切成细丝。

3　菠萝与红心火龙果洗净去皮，各取1/4切成1厘米左右的小丁。

4　牛油果洗净后对半切开，去除果核，将果肉切成1厘米左右的小丁。

5　依次将煮熟的藜麦、菠萝丁、火龙果丁、牛油果丁、紫甘蓝丝长条状摆入盘中。

6　在表面均匀地淋上油醋汁即可。

烹饪秘籍

可用酸奶代替油醋汁作为此款沙拉的酱料，水果的清甜配上酸奶的浓滑口感，吃起来味道更佳，营养也更丰富。

沙拉主食合二为一
螺旋意面沙拉

🕐 15分钟　🔨 低

主料

螺旋意大利面150克 ▎水浸金枪鱼罐头1罐
紫皮洋葱半个 ▎球生菜1/4棵 ▎圣女果6颗

辅料

盐少许 ▎现磨黑胡椒碎少许 ▎千岛酱适量

做法

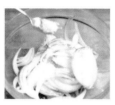

1 将紫皮洋葱洗净去皮，切成细丝，撒入少许盐腌制备用。

2 小锅加适量开水，撒入少许盐，煮沸后加入螺旋意大利面。

3 大火煮开后，按包装上指示的时间将意大利面煮熟。

4 捞出煮熟的意大利面，沥干水备用。

5 水浸金枪鱼罐头控出汁水，取出金枪鱼肉捣碎。

6 圣女果洗净去蒂，对切。

7 球生菜去除老叶和根部，切成0.5厘米左右的生菜丝。

8 将上述所有食材混合，浇上千岛酱和少许现磨黑胡椒碎，搅拌均匀即可。

— 营养贴士 —

意大利面的原材料是杜兰小麦，这种作物具有高密度、高蛋白质、高筋度等特点，搭配鸡蛋制成的面条，通体金黄，耐煮、口感弹牙。

烹饪秘籍

不同种类和品牌的意大利面都有厂商建议的烹煮时间，一般位于包装背面。这个时间是从水烧开后放入开始计算的。烹煮意大利面时可加一点盐和橄榄油，煮出的面更加筋道，煮的时候记得经常搅动，避免粘锅。

越来越多追求健康的人士将沙拉当做单独的一餐。然而有时绿油油的菜叶和一点点蛋肉并不能为忙碌的工作提供足够的热量来源。一煮就得的意大利面含有优质的碳水化合物，且饱腹感很强，有它的加入，一碗沙拉也能吃出饱饱的满足感。

春意盎然
鹰嘴豆牛油果沙拉

🕐 10分钟　🍴 低

颗颗鹰嘴豆和牛油果随意地撒在盘子中，再点缀上黄绿色的蔬菜，宛若整个春色都被搬入餐盘中，看着漂亮的色彩，吃着好心情。

主料

鹰嘴豆50克 ▎牛油果1个 ▎胡萝卜1根

羽衣甘蓝150克 ▎鸡蛋1颗

辅料

盐1/4茶匙 ▎巴萨米克醋1汤匙 ▎橄榄油1汤匙

烹饪秘籍

1. 传统油醋汁的油分含量过高，将巴萨米克醋与橄榄油的比例调为1:1，口感会更清爽。
2. 为方便快捷，可用鹰嘴豆罐头代替鹰嘴豆，节省泡发和煮的过程。

做法

提前一晚做法 **1**　　早晨做法 **2→8**

注：提前一晚准备，可节省第二天一早的操作时间。

1 将鹰嘴豆冲洗干净，提前一晚在清水中浸泡8小时。

2 鹰嘴豆冷水下锅，大火烧开后继续煮约8分钟，煮熟后捞出沥干水备用。

3 胡萝卜洗净去皮，切成细丝，放入盐拌匀。

4 牛油果洗净后对半切开，去除果核，将果肉切成1厘米左右的小丁。

5 羽衣甘蓝洗净，撕成小片，铺在盘底。

6 将鹰嘴豆放在羽衣甘蓝上，再摆入牛油果丁和胡萝卜丝。

7 鸡蛋煮熟剥壳，切成均匀的四块，点缀在盘子一端。

8 均匀地淋入巴萨米克醋和橄榄油即可食用。

原汁原味

日式荞麦面

🕐 10分钟　🍴 低

喜欢吃日式料理吗？其实，日式料理里的面食讲究吃食材的原汁原味。将荞麦面煮熟蘸着料汁吃，感受一下荞麦面纯真质朴的原香吧！

主料

荞麦面条150克

辅料

海苔碎10克 ▎白芝麻5克 ▎香葱1根

日式酱油2汤匙 ▎饮用水4汤匙

—— 营养贴士 ——

荞麦面易煮、适口性好，食用方便快捷。荞麦含有烟酸和芦丁，特别适合糖尿病人食用。

做法

1 将香葱洗净，切末备用。

2 取一小碗，放入2汤匙日式酱油、4汤匙饮用水、白芝麻、香葱末，搅拌均匀。

3 锅中放入适量清水后大火烧开，将荞麦面条放入。

4 转中火将荞麦面条煮熟，捞出后沥干水。

5 将沥干水后的荞麦面平铺在盘子中，撒上海苔碎。

6 食用时蘸取碗中的料汁即可。

烹饪秘籍

1. 可依个人口味在料汁中放入芥末。

2. 沥干水后的荞麦面条，可和酱汁一同放在冰箱中冷藏片刻，口感更佳。

3. 可依个人口味调整日式酱油与饮用水的比例。

劲道醇香
简版热干面

🕐 10分钟　　🍳 中

最爱热干面那种劲道的面条裹着芝麻酱的醇香！
但又不是所有城市都能吃到这种早餐，馋了怎么
办？自己做呗。

主料

鲜面条200克 ┃ 榨菜2汤匙
酸豆角1汤匙 ┃ 香葱10克

辅料

芝麻酱2汤匙 ┃ 香油3汤匙 ┃ 甜面酱2茶匙
生抽1汤匙 ┃ 盐1/2茶匙 ┃ 辣椒油1汤匙
白芝麻适量 ┃ 鸡精适量

做法

1　鲜面条放入开水中
煮熟，注意火候，不
要煮得太软烂，要保
留面条的嚼劲。

2　煮好的面条中拌入
1汤匙香油，拌匀。将
面条摊开放凉。

3　香葱、榨菜、酸
豆角切成小粒，不要
切太碎，保持爽脆的
口感。

4　芝麻酱放入碗中，
分次加入2汤匙香油，
用筷子搅拌将芝麻酱
稀释。

5　稀释的芝麻酱中加
入甜面酱、生抽、鸡
精、盐，搅拌均匀成
调料汁。

6　放凉的面条放入碗
中，浇上调料汁。

7　再撒上香葱、榨
菜、酸豆角粒和白芝
麻，淋适量辣椒油，
吃之前搅拌均匀即可。

烹饪秘籍

鲜面条除了煮熟，
蒸熟也可以，面条
的口感会更干爽。
但是香油要在下锅
蒸之前拌入面条，
防止粘连。

金银好搭配
鸡蛋乌冬面

🕙 10分钟　🔨 低

乌冬面是一种日本面食，以小麦为原料制成，其口感介于切面和米粉之间，口感偏软，老少咸宜，十分可口。

主料
乌冬面200克 | 鸡蛋1颗 | 香菇2朵 | 洋葱50克

辅料
浓汤宝 🕙 1块 | 食用油适量

做法 | 🕙 市面上有很多汤底调料，使用起来很方便，高汤从来难不倒懒人。

1　香菇洗净，去蒂切片；洋葱洗净，去皮切丝。

2　锅烧热，放入食用油，放入洋葱和香菇炒香，加入适量水煮开。

🕙 使用方便调料

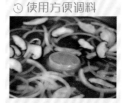

3　放入1块浓汤宝。

烹饪秘籍

如果想吃筋道一点的乌冬面，可以在煮汤的时候，另起一锅煮熟乌冬面后捞出，最后在乌冬面中倒入汤即可。

4　煮滚后放入乌冬面煮2分钟。

5　鸡蛋打散至碗中，搅拌均匀。

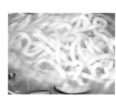

6　将蛋液倒入锅中，不要搅拌，煮1分钟关火即可。

速战速决
快手鸡蛋燕麦粥

🕐 10分钟　🍴 低

一碗浓浓奶香的燕麦粥映入眼帘，禁不住想立刻端起来喝一口，现在还不能嘴急，赶快准备好食材，花费几分钟的时间就可速战速决，做好了就开动。温馨提示一下，香醇的牛奶容易挂在你的嘴角，记得擦完嘴再出门噢。

主料
燕麦片30克 ┃ 鸡蛋1颗 ┃ 牛奶200毫升

辅料
炼乳5克

营养贴士

燕麦片是由燕麦精细加工而成的，口感得到了改善，而且低热量，燕麦片中的维生素B_1、维生素B_2、维生素E、叶酸等可改善血液循环，缓解身体疲劳。来碗鸡蛋燕麦粥，既补充了营养还可以解乏。

做法

1　鸡蛋磕入碗中，用筷子打散。

2　将牛奶倒入奶锅中，大火烧开。

3　放入燕麦片，转小火慢慢熬煮2分钟。

4　加入炼乳，慢慢搅拌均匀。

5　将蛋液转圈淋入奶锅中，形成鸡蛋花。

6　待鸡蛋基本凝固后关火，盛入碗中即可食用。

烹饪秘籍

1. 如选用即食燕麦片，较节省烹饪时间；普通燕麦片的口感则更有嚼劲，按需购买即可。
2. 炼乳的加入使燕麦粥的奶味更有层次感，喝起来微甜，也可以替换成糖、蜂蜜等甜味调味品。

香甜微醺
酒酿圆子

⏰ 10分钟　🥄 低

酒酿圆子是江浙沪一带喜闻乐见的甜汤小吃，经常作为宴席收尾的甜品，象征圆满和甜蜜。

主料
酒酿100克 ▏速冻糯米圆子50克 ▏鸡蛋1颗
辅料
冰糖20克 ▏枸杞子10克 ▏干桂花适量

做法

1　煮锅中放水并烧开，放入糯米圆子，煮至圆子上浮。

2　加入酒酿，再次烧开。

3　将鸡蛋磕入碗中打散，将蛋液绕圈倒入锅中后马上关火。

4　加入冰糖和枸杞子，搅匀后撒上干桂花即可。

烹饪秘籍
蛋液倒入锅中后马上关火，利用锅中的余温来闷熟蛋液，否则蛋花会煮老。

奶茶新"煮"意

锅煮奶茶

🕐 10分钟　　🥄 低

自家小锅煮的奶茶，茶香不过浓也不喜淡，来自纯牛奶的奶香，没有奶精等人工制品，煮的时候香气四溢，喝起来更是畅快放心。

主料

红茶5克 ┃ 纯牛奶300毫升

辅料

蜂蜜1汤匙

做法

1　在小锅中倒入200毫升水，烧开后放入红茶，小火煮至茶叶舒展，散发茶香。

2　倒入纯牛奶后保持小火继续煮3分钟左右，使茶味和奶味融合。

3　过筛，滤去茶渣。

4　加入蜂蜜，搅匀即可。

烹饪秘籍

使用茶叶而非茶包做出来的奶茶，茶香浓郁纯正，可以根据自己的喜好来选择茶叶的品种。可以用适量白砂糖或黑糖代替蜂蜜调味。

PART 02

煎锅来帮忙

与众不同妙心思

豆腐饼
果蔬沙拉

⏰ 15分钟　🥄 中

主料

北豆腐80克 ┃ 培根30克 ┃ 鸡蛋1颗 ┃ 紫洋葱20克
黄瓜1根 ┃ 球生菜叶10片 ┃ 圣女果25克
葡萄干少许

辅料

柚子蜜汁沙拉酱适量 ┃ 盐、白胡椒粉各少许
马苏里拉奶酪碎、食用油各适量

做法

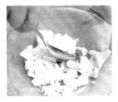

1 将北豆腐碾碎、培根切成碎末、紫洋葱洗净切成碎末后，混合在一起。

2 将鸡蛋打散成蛋液，倒入混合的豆腐碎中，加入盐、白胡椒粉搅拌均匀。

3 平底锅放油烧热，取适量搅拌好的豆腐泥倒入锅中。

— 营养贴士 —

北豆腐中含有丰富的大豆异黄酮、矿物质及蛋白质等营养元素，常食可预防动脉粥样硬化，养护心血管。

4 将豆腐泥两面煎至金黄酥脆，制成大小相等的豆腐饼。厚度在5毫米左右。

5 将豆腐饼取出，切成小块。

6 黄瓜洗净切片，可以根据自己的口味喜好选择是否去掉黄瓜皮。

烹饪秘籍

豆腐饼的配料很随意，牛肉末、罐头鱼肉、虾肉都很适合，还可以往里面加点别的时蔬碎。

7 球生菜叶洗净切片，和黄瓜片、豆腐饼块、洗净的圣女果、葡萄干混合搅匀。

8 倒入柚子蜜汁沙拉酱，撒入马苏里拉奶酪碎即可。

以豆腐、培根和洋葱制作而成的豆腐饼，本身就是非常好吃的食物。在平淡的沙拉中，加入这样精心制作的特殊食材，搭配品种繁多的蔬菜，马苏里拉奶酪和葡萄干的加入，令整道沙拉都显得格外不同。

银鱼滑蛋

🕐 10分钟　🍴 低

银鱼通体小巧洁白，鸡蛋蓬松金黄，葱花碧绿新鲜，这道高营养高颜值的炒菜，从备料到起锅，10分钟就够了。

主料

银鱼100克 ┃ 鸡蛋3颗（约150克）

辅料

香葱2根 ┃ 食用油1汤匙 ┃ 料酒1茶匙 ┃ 盐2克

做法

1　将银鱼冲洗干净后沥水，香葱洗净，切葱末，鸡蛋磕入碗中。

2　将银鱼、料酒和盐放入蛋液中，搅拌均匀。

3　锅烧热，放油，烧至五成热时，倒入银鱼蛋液，中火煎至蛋液半凝固。

4　翻炒半分钟左右，撒上葱末，出锅即可。

烹饪秘籍

在蛋液里加少许料酒，可以起到去腥和增加鸡蛋蓬松度的作用。

创意新吃法
抱蛋饺子

⏰ 10分钟　🍳 中

这是最近风靡网络的网红食品，只需要简单改良
几步，普通的速冻水饺也能华丽大变身！吃一口
就能感受到"好吃不过饺子"的真谛了！

主料

速冻饺子 ⏱ 10~15个 ┃ 鸡蛋2颗 ┃ 香葱2根

辅料

食用油适量

🧑‍🍳 营养贴士

鸡蛋作为早餐常见的食材，在烹饪上可变换很
多花样，其营养价值也因加入的配餐食品而得
到了进一步的提升，口感也更加丰富。

做法 ┃ ⏱ 在忙碌的早晨也能吃饺子？速冻饺子或者前一晚剩下的饺子都可以照此办理。

🧊 使用速冻食品

1　香葱洗净、去根，
切末。

2　鸡蛋打入碗中，
搅散。

3　平底锅倒油，把速
冻饺子码放进去。

4　中小火慢煎，待底
部变坚硬。

5　倒入蛋液，盖好
锅盖。

6　煎到蛋液完全凝固
后出锅。

7　出锅后撒上葱末
即可。

烹饪秘籍

煎饺子时，切忌火
力太大，要保持中
小火慢煎，否则容
易煳锅。

颜值与美味的合体
鲜虾锅贴

🕐 10分钟　🍴 高

主料

饺子皮10张 ▎猪肉末150克 ▎虾仁10只
葱末20克

辅料

蚝油1汤匙 ▎料酒1汤匙 ▎十三香1茶匙
香油1茶匙 ▎食用油适量

做法

提前一晚做法 1→5

1 虾仁放进碗中，加入料酒，腌制10分钟。

2 另取一个大碗，放入猪肉末、葱末、蚝油、十三香、香油拌匀。

3 取一张饺子皮，先放上猪肉馅，再放一只虾仁。

4 将饺子皮从中间对折，捏紧即可。

5 包好的锅贴，放入冰箱冷冻备用。

早晨做法 6→8

6 平底锅倒油加热，把锅贴码放进去，以中小火煎。

7 待锅贴底部变坚硬之后，倒入50克冷水，盖好锅盖。

8 煎到水完全收干即可出锅。

—营养贴士—

锅贴既含有可转化为能量的碳水化合物，又含有馅料所提供的蛋白质，作为早餐食用，既方便又营养。

烹饪秘籍

选择虾仁的时候，要选大小适中的，不要太大，否则会包不下。

锅贴是中国著名的传统小吃，锅贴底面呈深黄色，面皮软韧，馅味香美。这款鲜虾锅贴保留了传统锅贴鲜美酥脆的同时，颜值也非常高！

松脆满口香
黄金玉米烙

🕐 10分钟　🥄 低

看到一块块玉米烙瞬间垂涎欲滴，色泽艳丽，口感松脆，即使玉米烙做失败了不能成形，一颗一颗地夹着玉米粒吃也会很满足。

主料
熟玉米粒250克
辅料
玉米淀粉50克 ｜ 白糖1汤匙 ｜ 食用油适量

营养贴士
玉米被公认为"黄金作物"，含有大量的维生素E，可增强身体新陈代谢。

做法

1　熟玉米粒洗净后沥干水，放入大碗中备用。

2　将玉米淀粉倒入大碗中，用筷子和玉米粒一同搅拌，至每一粒玉米表面都裹上淀粉。

3　平底锅内倒油，烧至八成热后将大部分油倒出，留少许底油。

烹饪秘籍

1. 做这道菜肴时，一定要保证玉米粒可以均匀地裹上淀粉，否则煎炸时容易松散，也可以加入适量糯米粉来增加黏性。
2. 用油量要根据使用的平底锅大小灵活调整，煎炸时微微没过玉米粒即可。

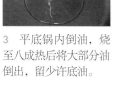

4　将玉米粒倒入平底锅中，用锅铲轻压，使玉米粒尽可能地平铺在锅底，小火煎3分钟。

5　倒入刚才加热过的油，转中火继续煎炸3分钟。

6　将玉米烙盛出装盘，在表面均匀地撒上白糖即可。

春天的小清新

鸡肉卷

⏰ 10分钟　🍴 低

现炸的鸡柳金黄酥脆，加点配菜、酱料，轻轻卷起来，春饼和鸡柳的浪漫邂逅因你而起。

主料

春饼2张 ▎速冻鸡柳6条

辅料

生菜叶2片 ▎番茄1/2个 ▎千岛酱2汤匙

番茄酱1汤匙 ▎食用油适量

👨‍🍳
── 营养贴士 ──

春饼富含碳水化合物，鸡柳富含蛋白质，生菜和番茄则含多种维生素和矿物质。这道营养全面均衡的早餐，能让你精神焕发，迎来崭新的一天。

做法

1 番茄洗净，切成粗条。生菜叶洗净，撕成小片。

2 锅中放油，放入速冻鸡柳，小火煎熟。

3 取几张厨房纸巾叠放，将煎熟的鸡柳捞出，放在纸巾上，吸掉多余的油。

烹饪秘籍

春饼在超市和副食店都可以买到，有条件的话也可以平时自己烙好冷冻储存，随吃随取。除了鸡肉卷，在春饼中卷火腿或是煎过的培根同样美味。

4 小火加热平底锅，将春饼放在锅中加热1分钟，使春饼恢复松软。

5 加热过的春饼放在砧板上，在正中间放3条鸡柳。

6 挨着鸡柳放一半的生菜叶和番茄条，挤上千岛酱和番茄酱，将春饼卷起即可。

鸡蛋灌饼

⏰ 10分钟 🔨 中

手抓饼，经过简单处理就可变身鸡蛋灌饼。只要稍稍用一点心，它的口感会介于鸡蛋灌饼和印度飞饼之间。

主料
手抓饼1张 ▎鸡蛋1颗
辅料
生菜叶1片 ▎沙拉酱2茶匙 ▎番茄酱2茶匙
火腿肠1根

烹饪秘籍

这道早餐的主料，可选择市面上销售的印度飞饼或手抓饼，无论选择哪种，操作方法都相同。手抓饼和印度飞饼含油量都比较大，煎的时候不用再放油。

做法

1 生菜叶洗净，撕成小片。火腿肠纵向剖开成两条。

2 小火加热平底锅，不放油，锅热后放入手抓饼，保持小火加热。

3 将手抓饼煎至一面金黄，翻面。在饼上磕入鸡蛋，用筷子将鸡蛋黄戳破。

4 将剖开的火腿肠放在手抓饼旁边，盖上锅盖煎约1分钟。

5 煎至鸡蛋清略发白凝固后，再次将饼翻面，不盖盖煎到鸡蛋熟透。

6 将手抓饼取出放在盘子里，有鸡蛋的一面朝上。

7 在饼中间放上生菜叶、火腿肠。

8 挤上番茄酱、沙拉酱，将饼卷起即可。

早点铺的常客
鸡蛋卷饼

🕐 10分钟　🥄 低

做一张鸡蛋卷饼，把喜欢的食材放上，完全包裹住。清晨的第一顿，需要熟悉的味道带来的安全感。

主料

麦西恩原味饼皮 🕐 1张 ┃ 火腿片2张 ┃ 奶酪片1片
鸡蛋1颗

辅料

食用油适量

做法 ┃ 🕐 自己烙饼？别费心思了，从袋子里取出来热一热就行，如此简单，岂不快哉？

1 将火腿片、奶酪片切成细长条。

2 将鸡蛋磕入碗中打散，搅拌成蛋液。

3 炒锅加热放油，倒入蛋液，用筷子炒散后盛出。

烹饪秘籍

如果时间充裕，可以用烤箱加热卷好的饼，在饼皮上涂抹一层薄薄的蛋黄液，放入烤箱烤至奶酪融化即可。

🕐 使用半成品

4 在饼皮中放上炒好的鸡蛋、火腿片和奶酪片，再卷起。

5 将卷好的饼放入平底锅中，小火慢烤30秒。

6 盛出后对半切开即可。

贴心老味道

老北京糊塌子/西葫芦鸡蛋饼

🕐 15分钟　　🍴 低

这是一款老北京传统小吃，其最大优势是省时省力，可以搭配中式、西式、日式等任何酱汁，并且满足了早餐需要的全部营养元素。

主料

西葫芦1个 ┃ 鸡蛋2颗 ┃ 面粉150克

辅料

盐2茶匙 ┃ 花椒粉1/2茶匙 ┃ 大葱5克 ┃ 食用油适量

烹饪秘籍

传统的糊塌子在吃的时候会蘸醋蒜汁，即将蒜蓉加入香油、醋中，调匀即可。西葫芦水分很大，加盐后会出汤，所以不用额外加水。如果喜欢吃特别薄的饼，可以适当加水，面糊越稀，摊出的饼越薄。

做法

1　西葫芦去蒂、洗净，对半剖开，用勺子挖去籽。

2　用擦丝器将西葫芦擦成细丝，放入一小盆中。大葱切碎成葱末。

3　盆中打入鸡蛋，加入盐、花椒粉、葱末，搅拌均匀。

4　加入面粉，搅匀至没有干粉颗粒，静置10分钟之后再次搅匀。西葫芦加盐会出水，因此需要二次搅拌。

5　小火加热平底锅，放入少量油抹匀。

6　油热后向锅中加入一汤勺面糊，用勺背将面糊摊开。

7　待面糊定形、一面成金黄色后借助铲子翻面，烙至两面金黄后即可出锅。

香酥可口
土豆丝胡萝卜饼

⏰ 10分钟   🔨 低

这么好吃的土豆只当配菜太可惜了，煎着吃试试呢？加入胡萝卜丝可以帮着吸收部分油脂，土豆能中和一下胡萝卜特殊的味道，就是不爱吃胡萝卜的人也被征服了。

主料

土豆1个 ▏胡萝卜1根 ▏鸡蛋1颗

辅料

淀粉2汤匙 ▏盐1茶匙 ▏白胡椒粉1/2茶匙
食用油适量

👨‍🍳
—— 营养贴士 ——

素有"小人参"之称的胡萝卜含有维生素A和β胡萝卜素，有益肝明目的作用，加上营养价值高、热量低的土豆，特别适合减肥者食用。

做法

1 土豆和胡萝卜分别用清水洗净，去皮后擦成细丝。

2 放入大碗中，磕入鸡蛋。

3 加入盐、白胡椒粉和淀粉，搅拌均匀。

烹饪秘籍

1. 可将擦好的土豆丝和胡萝卜丝加盐后用手反复抓几次，挤出其中的水分，煎的时候更容易定形。
2. 将两面煎得脆脆的才好吃哦。

4 平底锅用小火预热，倒入油。

5 待油热后，将胡萝卜土豆丝糊用大勺放入锅中，用锅铲微微压平。

6 待一面煎成金黄后，翻面将另一面煎熟，装盘即可食用。

胡萝卜鸡蛋馅饼

🕐 10分钟　🥄 高

主料

中筋面粉200克 ┃ 胡萝卜100克 ┃ 粉丝100克
木耳10克 ┃ 鸡蛋2颗

辅料

生抽1汤匙 ┃ 盐1茶匙 ┃ 十三香1茶匙 ┃ 香油1茶匙
食用油适量

做法

提前一晚做法 1→8

1 中筋面粉加入120毫升清水，揉成面团，静置20分钟。

2 静置面团期间准备馅料，粉丝用热水烫软、木耳用水泡发。

3 粉丝切段；木耳切丝；胡萝卜洗净，去皮、擦丝。

烹饪秘籍

拌好的馅料是熟的，拌好馅之后可以尝一下，按自己的喜好调整味道即可。

4 鸡蛋放入碗中打散，搅拌均匀。锅中放油，下入蛋液炒散后盛出。

5 将胡萝卜丝、木耳丝、粉丝段和鸡蛋碎放入大碗中，加入十三香、生抽、盐和香油，拌匀。

6 案板上撒面粉，面团等分成6份，擀成皮。

7 擀好皮后放上馅料，包好，收口朝下稍微按扁。

8 将包好的馅饼坯放入冰箱冷冻起来。

早晨做法 9

9 平底锅放油，放入馅饼坯，小火煎5分钟至两面金黄即可。

简单的食材却能做出丰富的味道。一个馅饼配上一碗粥，这绝对是碳水爱好者的福利。

玉米火腿早餐饼

🕐 10分钟　🔨 低

空闲一夜的胃喊你吃早餐啦！早餐要吃好，一天的精力才充沛，也能降低疾病发生的概率，喜欢赖床的你分秒必争。不怕，今天就做它了，十分钟就可以搞定。

主料

中筋面粉100克 ▎熟玉米粒50克 ▎火腿肠1根
鸡蛋1颗

辅料

盐1茶匙 ▎黑胡椒粉1/2茶匙 ▎食用油适量

做法

1 将火腿肠切丁，放入大碗中。

2 在大碗中分别加入熟玉米粒、盐、黑胡椒粉。

3 磕入鸡蛋，加入面粉和50毫升清水，将上述材料搅拌成糊状。

4 平底锅预热，转小火放入底油。

5 待油热后，将面糊用大勺倒入平底锅中，用勺子将面糊略微压扁。

6 待其两面煎成金黄后，装盘即可食用。

🧑‍🍳 —营养贴士—

玉米粒中含有丰富的营养成分，结合火腿肠中的碳水化合物及维生素补充身体的营养需求，增强饱腹感，从早上开始精力十足。

烹饪秘籍

如掌握不好面粉的用量，可少量多次添加，直至成为面糊。

无须和面，轻松吃上
青菜鸡蛋饼

⏰ 10分钟　🍳 低

一把油菜，搭配上鸡蛋和面粉，拌一拌，煎一煎，无须和面就能轻松吃上。这道蛋饼鲜嫩美味，香气四溢，搭配一杯热牛奶，营养早餐吃起来。

主料

油菜200克 ｜ 鸡蛋2颗 ｜ 面粉200克

辅料

盐2克 ｜ 食用油1汤匙

👨‍🍳
—— 营养贴士 ——

油菜可为人体补充多种维生素，提高免疫力；鸡蛋可补充优质蛋白质，使身体尽快恢复活力。

做法

1　油菜掰成片，洗净后切碎备用。

2　将切好的油菜放面粉中，再打入鸡蛋，放盐拌匀。

3　加适量水，调成糊状，用勺子舀起可以自然流动为好。

烹饪秘籍

1. 油菜要切得碎一些，做出来的饼才会平整光滑。
2. 调制面糊时以勺子舀起能自然流动即可，不要太稀或太浓稠。

4　平底锅预热，放少许油，舀一勺面糊倒入锅内。

5　用铲子将面糊摊开，煎至一面定形后翻面，至两面都定形后取出。

6　用同样的方法把所有面糊煎完，卷起或切块食用。

小时候的味道
葱油饼

🕐 10分钟　🍴 高

葱油饼是北方地区的一种特色面食，主要用料为面粉和葱花。金黄酥脆、外焦里嫩、葱香扑鼻，任谁都无法抗拒，绝对是早餐的好选择。

主料

中筋面粉225克 ▎香葱5根

辅料

盐1茶匙 ▎食用油40毫升

做法

提前一晚做法 1→8

1　200克中筋面粉倒入面盆中，加100克开水搅匀。

2　再加入50克冷水搅匀，和成面团，盖上干净的布醒发30分钟。

3　用小碗调油酥：25克面粉，加入1茶匙盐、40毫升热油，迅速搅拌。

4　香葱洗净、切末。

5　案板上撒上面粉，将面团分成等量4份。

6　取一块面团擀长，抹上一层油酥，撒上一层葱末。

烹饪秘籍

早上起床后，无须解冻，直接放入锅中烙。最后起锅时，可以用铲子打松油饼，增加分层，令饼更松软。

7　对折，再抹上一层油酥，卷起来，压扁擀薄。依次把剩下的面团做好。

8　一层饼一层保鲜膜依次压好，放入冰箱冷冻备用。

早晨做法 9

9　平底锅加热放少许油，放入葱油饼，煎至两面金黄即可。

快手营养早餐
葱香鸡蛋饼

⏰ 10分钟　🥄 低

一把香葱，两三个鸡蛋，一碗面粉，只需10分钟，就能做出又香又软的鸡蛋饼，这是家庭版的营养早餐，是外面买不到的味道。

主料

面粉150克 ▎鸡蛋3颗 ▎香葱30克

辅料

盐2克 ▎食用油1汤匙

烹饪秘籍

1. 如果买不到香葱，可用小葱代替，但香气没那么浓郁。

2. 调好的面糊最好静止几分钟再做，会更加光滑有韧性。

做法

1 香葱洗净，切成末。

2 面粉放入大碗中，加葱末和盐。

3 打入鸡蛋，用筷子搅拌均匀。

4 加清水搅拌成糊状，用勺子舀起来呈流线状为佳。

5 平底锅刷少许底油，舀一勺面糊倒入锅中间。

6 慢慢转动锅，使面糊均匀铺满锅底。

7 小火慢煎至饼的边缘翘起，翻面稍煎一下即可出锅。

8 平底锅再次刷油，依次把所有饼煎完。

甜蜜的滋味
泰式香蕉飞饼

🕐 10分钟　　🍴 中

香蕉煎饼是泰国常见的街边小吃！ 面饼里面夹杂着香蕉，口感是想象不到的香脆清甜。足不出户，也能轻松还原泰式小吃。

主料
印度飞饼 🕐 1张 ｜ 香蕉1根 ｜ 鸡蛋1颗

辅料
白糖1/2茶匙 ｜ 食用油适量

烹饪秘籍
喜欢吃味道浓郁的，出锅后可以再挤上炼乳，味道会更加香甜。

做法 ｜ 🕐 自己做飞饼费时费力又考验技术，不如买现成的飞饼。

🕐 使用半成品

1　在印度飞饼皮上撒一些面粉，用擀面杖将饼皮擀薄擀大。

2　香蕉去皮切片。

3　将香蕉片放入碗中，打入鸡蛋，放入白糖搅拌均匀。

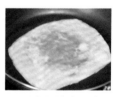

4　平底锅放油，放入薄饼小火慢煎。

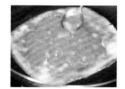

5　在中心倒入香蕉蛋液。

6　将四周的饼皮包起来，煎1分钟使其定形。

7　然后翻面煎1分钟，即可盛出。

8　切小块即可食用。

甜甜的思念
红糖锅盔

 10分钟　🥄 高

红糖锅盔是一道传统面食，由面粉、红糖等材料，通过煎烤制作而成。咬一口便知其中滋味，馅多却不干，皮软却有嚼劲。

主料
中筋面粉220克 ┃ 红糖100克
辅料
食用油适量

👨‍🍳
———— 营养贴士 ————

红糖容易被人体消化吸收，因此能快速补充体力，早餐食用，能令你一上午都充满活力。

做法

提前一晚做法 1→5

1　200克中筋面粉加入100毫升清水，用筷子搅拌均匀后揉成面团，静置20分钟。

2　静置面团期间准备红糖馅，红糖加20克面粉搅拌均匀。

3　案板上撒面粉，面团等分成6份，擀成皮。

4　擀好皮后放上红糖馅料，包好，收口朝下稍微按扁。

5　包好的馅饼放入冰箱冷冻起来。

早晨做法 6

6　平底锅放油，放入馅饼，小火煎5分钟，煎至两面金黄即可。

烹饪秘籍

除了用平底锅煎，也可用烤箱，200℃烤10分钟，中间翻面，再200℃烤5分钟即可。

口感松软，味道醇香

鸡蛋吐司片

⏰ 5分钟　🍴 低

用平底锅烘烤的吐司片嘎嘣脆，加上软软的鸡蛋，一口咬下去，倍感满足！这才是经典的早餐搭配。

主料

吐司片1片（约50克）┃鸡蛋1颗（约60克）

辅料

黑胡椒碎适量

做法

1　用圆形模具在吐司片的中心压出一个洞。

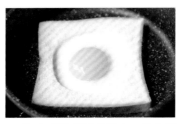

2　将吐司放到平底锅中，往中间的洞里磕入鸡蛋。小火慢煎，至鸡蛋底部达到凝固状态即可。

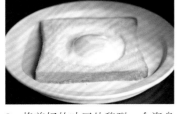

3　将煎好的吐司片移到一个瓷盘内，放入微波炉中，选择高火转20秒至鸡蛋全熟。

4　最后可以在做好的吐司片上撒入黑胡椒碎进行调味。

— 营养贴士 —

鸡蛋营养丰富，且容易被身体吸收。其含有的蛋白质可以提高身体免疫力，还对肝脏等器官有较好的保健作用。

烹饪秘籍

如果没有模具，可以用杯子盖在吐司片上压出圆孔，这样的操作方法简单又方便。

经典的才最好吃
经典西多士

🕐 10分钟　🥄 低

西多士是港式有名的早餐之一，将裹满蛋液的吐司煎至金黄，加上半流心的奶酪，再配一杯醇香的奶茶，真是让人美滋滋。

主料

吐司片2片（约100克）｜奶酪片1片
鸡蛋1颗（约60克）｜火腿片2片

辅料

黄油10克

做法

1　先将吐司片切掉吐司边。

2　底层放一片吐司片，放上火腿片，再放奶酪片。

3　再铺一片火腿片，最后盖上另一片吐司片。

4　鸡蛋打散成蛋液，把整个吐司浸在蛋液里，均匀裹满蛋液。

5　平底锅里放黄油烧至融化，小火煎至吐司表面变金黄。将做好的西多士用刀对半或对角线切开即可。

烹饪秘籍

打散的蛋液可以放在平盘中，这样方便放入整个吐司，但吐司不可在蛋液中泡太长时间。

换个童真的方法吃吐司

双色棒棒糖吐司卷

 10分钟　 低

主料

吐司片2片（约100克）▏火腿片2片
鸡蛋2颗（约120克）

辅料

沙拉酱1汤匙 ▏色拉油2茶匙 ▏牙签若干

营养贴士

鸡蛋的蛋黄中含有叶黄素和玉米黄素，这些物质能够保护视力。

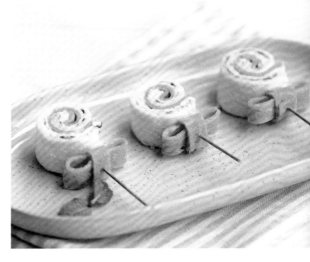

做法

1　吐司片切去吐司边，用擀面杖擀薄。

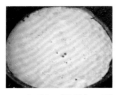

2　鸡蛋打成蛋液。平底锅中倒入色拉油，烧至六成热，倒入蛋液，中小火煎成蛋饼。

3　把蛋饼、火腿片切成与吐司片大小一样的方形。

烹饪秘籍

打散的蛋液中可以加入少量水淀粉，能增加蛋液的黏稠度，这样煎出来的蛋饼更有弹性，不会因为翻动而破损。

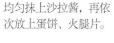

4　最底层放上吐司片，均匀抹上沙拉酱，再依次放上蛋饼、火腿片。

5　把吐司从一端开始卷起来，切成厚度均匀的段。

6　将火腿片切成小条，做成蝴蝶结装饰，用牙签固定吐司卷，做成棒棒糖的造型。

香蕉吐司卷

 10分钟　　低

主料

吐司片2片（约100克）┃ 香蕉1根（约120克）
鸡蛋1颗（约60克）

辅料

色拉油20毫升 ┃ 沙拉酱1茶匙

营养贴士

香蕉富含果胶及钾元素，多吃香蕉不仅可以帮助消化、缓解胃酸刺激，还有助于维持血压稳定。

做法

1　用面包锯刀把吐司片的吐司边切掉。

2　用擀面杖把处理好的吐司片擀薄一些。

3　将沙拉酱涂满整片吐司。

烹饪秘籍

用擀面杖擀过的吐司更薄、更有韧性，能方便地将香蕉卷起来，与香蕉之间贴合得也更紧密。

4　将香蕉切成两段，将一半香蕉放在吐司的一边，慢慢卷起来。

5　鸡蛋打散，搅拌成蛋液，将卷好的吐司卷全部蘸满蛋液。

6　锅中放色拉油，烧至七成热，开小火把吐司卷煎至两面金黄即可。照此做完两个吐司卷。

PART 03

炒锅来帮忙

适合上班族的便当
鸡蛋圆白菜
炒窝头

🕐 10分钟　🍳 低

主料

玉米窝头2个 ┃ 鸡蛋2颗 ┃ 圆白菜1/4棵

辅料

香葱1根 ┃ 盐1/2茶匙 ┃ 鸡精1/2茶匙
食用油适量

做法

1　圆白菜洗净切丝，香葱洗净切段。

2　玉米窝头切块，放入碗中备用。

3　将鸡蛋磕入碗中，用筷子充分打散。

4　炒锅中倒入1汤匙油，烧至七成热后倒入蛋液，炒至凝固的鸡蛋块后盛出。

5　锅中重新倒入1汤匙油，爆香葱段。

6　放入圆白菜丝，大火炒熟。

7　倒入窝头块，反复翻炒1分钟。

8　加入炒好的鸡蛋块，调入盐、鸡精，炒匀即可。

👨‍🍳
— 营养贴士 —

圆白菜又称"卷心菜"，水分含量高、热量低，含有维生素、钾和叶酸三大营养成分。圆白菜易储存，是家中常备的理想蔬菜。

烹饪秘籍

炒窝头时可以多放一些油，窝头不易碎，且外脆里软的很好吃，注意炒窝头的时间不宜过长，容易使口感发硬。

用隔一夜的剩窝头来炒最好。别小看这剩窝头，比刚蒸出来的窝头更牢固紧实。虽然口感粗糙了一些，多放一些切了细丝的圆白菜，打两个鸡蛋，可以遮掩窝头口感的不足。对于上班族来说，做成便当最方便，稍稍加热一下还如同刚出锅般的新鲜。

胃口大开
孜然炒馒头丁

🕐 10分钟　🍳 低

家中冰箱里的馒头经常吃不完？再次加热又没有刚蒸出锅的好吃。那就快来试试这种做法吧！搭配孜然粒，即使是最简单的馒头，也能吃出烧烤味！

主料
馒头 1个　｜鸡蛋1颗　｜香葱10克

辅料
盐1/2茶匙　｜孜然1茶匙　｜食用油适量

烹饪秘籍
炒馒头丁的时候一定要小火，这样炒出来的馒头丁才会呈金黄色，大火则容易烧焦。

做法　｜ 🕐 别忘了，吃不了的主食也是让早餐变出花样的上好食材。

🕐 使用现成食材

1　馒头切小块。

2　香葱洗净、去根，切末。

3　在碗中打入鸡蛋，打散搅拌均匀。

4　将馒头丁放入蛋液中，充分裹匀。

5　锅中放油烧热，放入馒头丁，小火翻炒。

6　炒至蛋液完全凝固。

7　放入孜然、盐和葱末。

8　翻炒均匀即可出锅。

简单而不简陋

鸡蛋炒面

🕐 10分钟　　🍴 低

简单的美味，最适合时间紧张的早晨，给自己一点
丰盛，并不一定代表要早起哦！

主料

面条100克 ┃ 鸡蛋2颗

辅料

鸡毛菜80克 ┃ 生姜5克 ┃ 大蒜2瓣 ┃ 生抽1/2汤匙
醋2茶匙 ┃ 鸡精1/2茶匙 ┃ 盐1茶匙 ┃ 食用油适量

烹饪秘籍

做炒面最好选择专供炒面的面条，炒出来比较
利落，且口感较好，如果没有买到，也可以用
其他面条代替；打蛋液时，往蛋液中加少许清
水，炒出来的鸡蛋会更加蓬松。

做法

1　鸡毛菜择洗干净，
沥水待用；鸡蛋打成
蛋液待用。

2　生姜去皮洗净，
切姜末；大蒜去皮洗
净，切蒜末。

3　炒锅内倒入适量
油，烧至七成热，倒
入蛋液，小火煎至微
微凝固。

4　然后将微微凝固的
蛋液用锅铲划散成小
块，盛出待用。

5　锅内再倒入适量
油，烧至七成热，爆
香姜末、蒜末。

6　然后放入面条，中
小火慢慢翻炒，直至
面条熟透。

7　再放入鸡毛菜，继
续翻炒1分钟左右。

8　最后放入鸡蛋炒
匀，并调入生抽、醋、
鸡精、盐翻炒均匀调
味即可。

炒饭界的招牌
神速蛋炒饭

🕐 10分钟　　🍳 低

蛋炒饭，是一种最家常的菜肴。你很难想出一个办法，只用一颗鸡蛋做一盘菜。但是蛋炒饭让这个想法变成了现实。在忙碌的早晨，来一碗神速蛋炒饭吧！

主料
大米200克 ‖ 鸡蛋2颗 ‖ 香葱2根
辅料
盐1茶匙 ‖ 食用油1汤匙

烹饪秘籍

提前一晚煮好米饭，变成隔夜饭，一来节省早上的时间，二来隔夜饭水分少，会使炒饭颗粒分明，口感更好。

做法

提前一晚做法 1→2		早晨做法 3→7	

1　大米洗净，放入电饭煲中，加入煮饭量的水，提前一晚煮好，冷却后打散，放入冰箱冷藏。	2　香葱洗净去根，切末。装盒，冷藏。	3　鸡蛋放入碗中打散成蛋液。	4　炒锅中放油，倒入蛋液，将鸡蛋炒散，蛋液凝固盛出。

5　锅中热少许油，放入米饭翻炒至粒粒分明。	6　放入鸡蛋碎和葱末翻炒。	7　放入1茶匙盐翻炒均匀即可。	

满城尽带这碗香
培根玉米炒饭

⏰ 10分钟　🍳 低

米粒的清新稻香，玉米的清甜嫩香，培根的烟熏香，简单的一碗炒饭，味道香极了！

主料

米饭300克｜培根2片｜熟玉米粒50克

辅料

香葱1根｜盐1/2茶匙｜鸡精1/2茶匙｜食用油适量

营养贴士

米饭中的碳水化合物，经身体吸收后转化成能量，玉米所含B族维生素能调节神经，是最适合白领的"减压食物"，培根中的磷、钾、钠含量丰富，滑而不腻，炒在米饭中，令人食欲大增。

做法

1　培根切丁，放入碗中。

2　香葱用清水洗净后切末。

3　不粘锅中倒入底油，烧至七成热，爆香葱末。

烹饪秘籍

用隔夜饭进行烹饪，更容易炒出粒粒分明的效果，刚做好的米饭容易黏成一团，影响炒饭的口感。

4　倒入米饭，中小火反复翻炒至米饭松散。

5　放入培根丁、玉米粒，煸炒至培根表面微微焦黄。

6　最后调入盐、鸡精，翻炒均匀即可。

这一口浓稠谁不爱
西湖牛肉羹

🕐 10分钟　🔨 中

江南一带的家常菜。牛肉嫩滑适口，汤羹稠而不厚，丝滑满口，夹带着丝丝香菇香气，还有那如絮般的蛋花，更添几分魅力。

主料

牛里脊150克 | 鸡蛋2颗 | 鲜香菇3朵

辅料

姜1片 | 香菜2根 | 淀粉10克 | 料酒2茶匙
白胡椒粉1/2茶匙 | 香油少许 | 盐适量

烹饪秘籍

牛肉末剁碎后一定要用凉开水调开，不然焯水时会成团；勾芡时想浓稠一些就多放些水淀粉，反之则少放些；下蛋清时一定要沿一个方向搅拌，这样出来的蛋花才漂亮。

做法

1　姜片洗净剁碎末；香菜洗净切末备用。

2　牛里脊洗净剁成肉末，放入碗中加凉开水搅拌开来。

3　鲜香菇洗净后也剁成碎末备用。

4　锅中入水烧开，下牛肉末、姜末，加入料酒，焯水后捞出备用。

5　鸡蛋敲开只取蛋清，并将蛋清用筷子打散；淀粉加水调开。

6　锅中再烧开水，下牛肉末和香菇末，煮开后下调好的水淀粉勾芡。

7　再慢慢倒入蛋清，并沿一个方向搅拌，至蛋花呈絮状。

8　最后加白胡椒粉、盐调味；滴上少许香油；撒上香菜即可。

宁波人的心头好
青菜火腿年糕汤

⏰ 10分钟　🍳 低

在宁波，年糕吃法一般分炒年糕和年糕汤两类，其中咸的年糕汤很是经典。年糕软糯，香菇鲜香，青菜爽脆，还给"无肉不欢"的我们加上了火腿。

主料

水磨年糕100克 ▎小白菜2棵 ▎火腿50克
鲜香菇2朵

辅料

大葱3克 ▎鸡精1/2茶匙 ▎盐1茶匙 ▎香油适量
食用油少许

做法

1 小白菜切去根，冲洗干净后切成寸段；鲜香菇去蒂、切片。

2 水磨年糕掰散开，切成厚片；火腿切丝；大葱切成葱末。

3 锅中放少许油，烧至六成热时放葱末，煸炒出香味。

4 放入香菇片，煸炒到香菇片变软，收缩。加入约2小碗水，转大火烧开。

5 放入年糕片，煮至汤汁沸腾后下小白菜梗和火腿丝，转中火煮到年糕片变软。

6 放入小白菜叶和香油、鸡精，调入盐。小白菜叶变色后即可关火出锅。

烹饪秘籍

1. 市面上出售的水磨年糕一般有两种形状，块状的和棒状的。块状的切片就好，棒状的可斜刀切成小段。

2. 年糕入锅后要多搅拌，以免粘在一起成坨。火腿易碎，不要放太早。

🕐 15分钟　　🥄 中

主料

面粉150克 ▎番茄1个 ▎鸡蛋1颗 ▎油菜1棵
大葱5克

辅料

白胡椒粉1/2茶匙 ▎鸡精1茶匙 ▎番茄酱1汤匙
香油1茶匙 ▎盐2茶匙 ▎食用油适量

做法

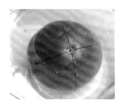

1 用小刀在番茄顶端划开一个十字切口，然后放进沸水里烫半分钟，把番茄皮剥下来。

2 番茄去蒂，切成比较薄的小块；大葱切碎成葱末；油菜洗净切成小粒。

3 中火加热炒锅，锅中放油，油热后下葱末爆香。下番茄炒软，炒出红油。

4 加入鸡精和番茄酱，炒匀。加入足量清水，转大火煮开。

5 面粉中加入少许水，用筷子搅拌，直到水被吸收，面粉凝结成面疙瘩。重复此步骤直到没有干粉。

6 炒锅中的汤水沸腾后将面疙瘩倒入汤中，边倒边用汤勺搅拌，防止面疙瘩粘在一起。

7 大火烧开后转中火煮到面疙瘩漂起来，转小火，转圈淋入打散的蛋液，先不要搅拌。

8 鸡蛋基本凝固后加盐、白胡椒粉、香油和油菜，拌匀煮熟即可。

各色食物把胃吃累了的时候，最容易想念小时候妈妈做的那一碗舒心的疙瘩汤。妈妈的拿手菜似乎都不复杂，但因为包含了妈妈的调味习惯，使每个人记忆中的味道才显得那么独特而珍贵。

美食界的神奇侠侣
蚕豆鸡蛋汤

🕐 8分钟　🥄 低

主料

蚕豆300克 ｜ 鸡蛋3颗

辅料

姜5克 ｜ 大蒜2瓣 ｜ 香葱2根 ｜ 鸡精1/2茶匙

盐1茶匙 ｜ 食用油适量

做法

1　蚕豆洗净，在清洗时注意将上面的黄色芽瓣去掉。

2　鸡蛋打入碗中，加少许清水，反复搅打成均匀的蛋液待用。

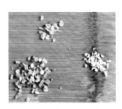

3　姜、大蒜去皮洗净，切姜末、蒜末；香葱洗净切葱末。

烹饪秘籍

做这道蚕豆鸡蛋汤时，最好将蚕豆的外皮逐一剥去，并将蚕豆瓣一分为二，不要觉得麻烦，这样煮出来的汤更鲜更香。

4　炒锅内倒入适量油，烧至八成热，倒入蛋液，小火慢煎。

5　待蛋液完全凝固后，用锅铲将其划散成小块蛋花，盛出待用。

6　锅内再次倒入少许油，烧至七成热，爆香姜末、蒜末。

7　然后倒入适量清水烧开，开锅后放入蚕豆，大火煮至蚕豆熟透。

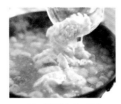

8　最后再放入蛋花，并调入鸡精、盐调味，撒入葱末即可。

蚕豆，这个只有在春末夏初才能短暂品尝到的极致美味食材，人们从来不会吝啬对它的赞美，吃的时候总是变着花样来，与鸡蛋搭配煮汤，美味难以形容！

经典的味道
紫菜虾皮鸡蛋汤

⏰ 10分钟　🥄 低

紫菜蛋花汤可谓是一道大众又经典的汤，很多人对它都是百喝不厌的。今天我们来点小变化，加一点虾皮在里面，给汤增添些许鲜美滋味，让经典的味道更加美好。

主料
紫菜5克 ｜ 鸡蛋1颗 ｜ 虾皮10克

辅料
食用油2茶匙 ｜ 盐1/2茶匙 ｜ 胡椒粉少许
香葱1棵 ｜ 大蒜10克

🍳
—— 营养贴士 ——

紫菜的营养很丰富，有着"营养宝库"的美称，其中所含的多糖能够帮助人体细胞增强免疫功能，提高机体免疫力。

做法

1　紫菜洗净后控干水，撕碎，放入碗中；将鸡蛋磕入碗中，用筷子充分打散；香葱洗净后切成葱末；大蒜去皮后洗净，切成蒜末。

2　炒锅中放入油，烧至七成热后放入蒜末和一半葱末爆炒出香味。

3　加入约800毫升清水，大火煮开后放入紫菜搅拌均匀。

烹饪秘籍

虾皮、紫菜和鸡蛋都能够给汤带来鲜美的味道，所以不需要加鸡精类的调味品。胡椒粉可以根据自己的口味和喜好进行增减。

4　淋入蛋液，放入虾皮搅拌均匀。

5　加入盐和少许胡椒粉调味，搅拌均匀。

6　出锅前撒上剩余葱末即可关火。

解腻的好选择
榨菜肉丝鸡蛋汤

 10分钟　🔨 低

主料

榨菜40克 ┃ 猪里脊肉100克 ┃ 鸡蛋1颗

辅料

食用油2茶匙 ┃ 盐1/2茶匙 ┃ 香葱1棵

👨‍🍳
───── 营养贴士 ─────

猪肉含有丰富的蛋白质、维生素和钙，对身体有很好的滋补作用，能够增强体质和提高机体免疫力。

做法

1 猪里脊肉洗净后控干水，切成丝；将鸡蛋磕入碗中，用筷子充分打散；香葱洗净后将葱白切成小段，将葱叶切成葱末。

2 将榨菜切碎。炒锅中放入油，烧至七成热后放入葱白段爆炒出香味。

3 放入肉丝煸炒至颜色发白。

烹饪秘籍

榨菜切碎一点能够更加均匀地分布在汤中，让汤的味道更足。

4 放入榨菜碎煸炒片刻。

5 加入约800毫升清水，大火煮开后淋入蛋液搅匀。

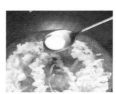

6 加入盐调味，撒上葱末即可关火。

丝瓜鸡蛋汤

⏰ 10分钟　　🥄 低

春天就要有春天的样子，赶紧喝了这碗丝瓜鸡蛋汤，生机、活力走起！

主料

丝瓜300克 ▌ 鸡蛋2颗

辅料

大蒜2瓣 ▌ 香葱2根 ▌ 蚝油1茶匙 ▌ 盐适量
食用油适量

烹饪秘籍

鸡蛋加少许清水一起搅打，蛋花会更加蓬松；丝瓜不能煮太久，否则会太老口感欠佳。

做法

1　丝瓜去皮洗净，切滚刀块待用。

2　鸡蛋打入碗中，加少许清水、盐搅打均匀。

3　大蒜剥皮洗净切碎末；香葱去根须洗净切小段。

4　炒锅入油烧至六成热，下蒜末爆香。

5　下打好的蛋液，中小火烧至蛋液凝固，划成小块。

6　加入适量清水，大火烧开。

7　开锅后下切好的丝瓜，大火煮两三分钟。

8　最后加入蚝油、盐调味，撒上香葱段即可。

快手简单
榨菜魔芋汤

 10分钟 🔨 低

主料

榨菜40克 ▎魔芋结100克 ▎鸡蛋1颗

辅料

食用油2茶匙 ▎盐1/2茶匙 ▎香葱1棵

营养贴士

魔芋含有丰富的膳食纤维，在降血糖、降血脂、减肥、养颜等方面有一定功效，是比较理想的健康食品。

做法

1　魔芋结用清水清洗几遍去除碱水味；将鸡蛋磕入碗中，用筷子充分打散；香葱洗净后切成葱末。

2　炒锅中放入油，烧至七成热后放入一半葱末爆炒出香味。

3　放入榨菜煸炒片刻。

烹饪秘籍

榨菜的口味比较多，可以根据自己的喜好进行选择。因为榨菜含有一定的盐分，所以汤中的盐要根据自己的口味进行调整。

4　加入约800毫升清水，大火煮开后放入魔芋结煮约1分钟。

5　淋入蛋液搅匀。

6　加入盐调味，撒上剩余葱末即可关火。

鲜香好滋味
苦瓜蛋汤

⏰ 10分钟　🍴 低

主料

苦瓜200克 ┃ 鸡蛋2颗 ┃ 鲜香菇3朵

辅料

盐1茶匙 ┃ 色拉油1茶匙

做法

提前一晚做法 1→4

1　苦瓜洗净，切成两半。挖去瓜瓤，切成薄片。

2　鲜香菇洗净去蒂，切片。

3　锅中煮开水，放入苦瓜焯一下捞出。

👨‍🍳
── 营养贴士 ──

苦瓜与鸡蛋同食能保护骨骼、牙齿及血管，使铁质吸收得更好，还有健胃的功效。但苦瓜性凉，脾胃虚寒者不宜多食。

4　将处理好的苦瓜片和香菇片放入保鲜盒，放进冰箱冷藏备用。

早晨做法 5→9

5　炒锅放入1茶匙色拉油烧热，放入苦瓜片翻炒。

6　加水没过苦瓜片，煮开后放入香菇片煮熟。

烹饪秘籍

苦瓜做之前焯一下水，就会有效去除苦涩的味道，加香菇和鸡蛋会有淡淡的清香。

7　鸡蛋磕入碗中打散成蛋液。

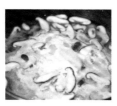

8　蛋液以打圈的方式倒入锅中，形成蛋花。

9　加入1茶匙盐搅拌均匀即可出锅。

有人认为苦瓜做的汤味道一定会很苦，可事实证明不仅不苦，反而有阵阵清香。在炎热的夏季早晨来上一碗，一整天都清清爽爽！

零厨艺快手美味
蔬菜虾汤

⏰ 10分钟　　🥄 低

主料

生菜300克 ┃ 鲜虾8只 ┃ 冬瓜100克

辅料

姜2片 ┃ 大蒜2瓣 ┃ 香葱2根 ┃ 生抽2茶匙

鸡精1/2茶匙 ┃ 盐适量 ┃ 食用油少许

做法

1　鲜虾背部开小口，挑去虾线洗净待用。

2　生菜择洗干净；冬瓜去皮去瓤切薄片待用。

3　姜、大蒜去皮洗净切姜末、蒜末；香葱洗净切葱末。

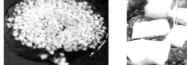

4　热锅入少许油烧热，下姜末、蒜末爆香。

5　然后下冬瓜片翻炒片刻，再加入适量清水，大火烧开。

6　开锅后继续煮至冬瓜片透明，然后放入虾。

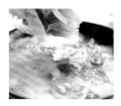

7　再放入生菜煮至断生。

8　最后加入生抽、鸡精、盐调味，撒上葱末即可。

— 营养贴士 —

鲜虾和蔬菜搭配不仅味道鲜美可口，更能为人体提供全方面的多种营养，从蛋白质到纤维素一应俱全。而且用汤品的形式呈现，吃起来会更舒服。

烹饪秘籍

其实这道汤里的蔬菜并不局限于生菜和冬瓜，只要是你喜欢的，都可以放进去一起煮哦。

这是田园与大海的相遇，当各式蔬菜邂逅鲜虾，怎一个鲜字了得；最关键的是，它超级简单，把你喜欢的扔进锅随随便便一煮，那叫一个鲜！

帮忙多加点鸭血
鸭血粉丝汤

🕙 10分钟　🥄 中

乳白香浓的老鸭汤头，嫩滑爽口的鸭血，爽脆可口的鸭肠，饱满绵密的油豆腐，再"嘛溜"一口粉丝，任你拿什么都不跟你换。

主料

鸭血200克｜绿豆粉丝100克｜鸭肝50克
鸭肠50克｜油豆腐5个

辅料

香菜2根｜香葱2根｜大蒜2瓣｜辣椒油2茶匙
醋2茶匙｜老鸭汤适量｜盐适量

烹饪秘籍

为了节省烹煮时间，这次用的是事先炖煮好的老鸭汤；熬制鸭汤选用鸭架，加葱结、姜，大火煮开后，小火慢炖即可。

做法

1　绿豆粉丝提前用冷水浸泡五六分钟，捞出冲洗干净备用。

2　鸭血洗净切小块；鸭肝洗净切片；鸭肠洗净切小段；油豆腐洗净对半切块。

3　香菜、香葱洗净切小段；大蒜剥皮洗净切蒜末。

4　锅中倒入适量老鸭汤，中火煮开。

5　开锅后下鸭血，大火煮至开锅后放入粉丝。

6　再放入鸭肝、鸭肠、油豆腐，继续煮开锅。

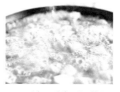

7　开锅后加入盐调味，再盛入碗中，加入蒜末、辣椒油和醋。

8　最后撒上香菜段和葱段即可。

PART 04

烤箱来帮忙

高颜值的健康餐
牛油果焗鹌鹑蛋

🕐 制作10分钟+等待10分钟　　🥄 低

主料

牛油果2个 ┃ 鹌鹑蛋4颗

辅料

盐1/2茶匙 ┃ 现磨黑胡椒适量

做法

1　牛油果洗净，从中间纵向绕果核划开。轻轻扭动牛油果，分开成为两半。

2　用小刀或勺子辅助将果核取出。

3　用勺子将牛油果肉挖出。

4　将牛油果肉加1/2茶匙盐，压成牛油果泥。

5　烤箱预热至180℃；用锡纸团4个与牛油果差不多大的锡纸圈。

6　将牛油果果皮平稳地摆放在烤盘内。

7　将牛油果泥填回果皮内，中间挖一个小坑。

8　在小坑内打一颗鹌鹑蛋，研磨上适量的黑胡椒，送入烤箱中层，烘烤10分钟，鹌鹑蛋开始凝固即可。

👨‍🍳
——— 营养贴士 ———

牛油果含有丰富的甘油酸、蛋白质及维生素，润而不腻，是天然的抗氧化剂，能够抗衰老、滋润皮肤。牛油果还富含酶，有健胃清肠的作用，可以保护心血管系统。

烹饪秘籍

1. 挑选牛油果时，不要选绿色果皮的，虽然看起来漂亮，但却是未成熟的果实。应该购买颜色呈灰褐色、轻捏略微发软的果实才是成熟状态。但不可过软或者有塌陷，那是熟过头或者已经坏掉的标志。

2. 可按个人喜好调整鹌鹑蛋的熟度，喜欢全熟的就多烤一会儿，如果从口感建议，5～8分钟（视烤箱大小）溏心的状态最好吃。

被冠以"网红"名号的牛油果，突然在中国就火了起来。健身一族的餐单晒图中，一定少不了它的身影，谁让它颜值高营养好呢？如果想在朋友圈中吸引更多的眼球，就试试把牛油果挖空，装颗鹌鹑蛋进去送入烤箱吧！

好色彩，好心情，更有好营养

圣女果青豆焗蛋

⏰ 制作10分钟+等待20分钟　🥄 低

主料

鸡蛋4颗 ┃ 圣女果8颗
速冻青豆粒100克

辅料

盐1/2茶匙 ┃ 淀粉1茶匙 ┃ 橄榄油2汤匙
香油1汤匙

做法

1　鸡蛋打入碗中，加入1/2茶匙盐、1茶匙淀粉，4汤匙清水，搅打均匀。

2　圣女果去蒂洗净，切成四瓣。

3　速冻青豆粒洗去浮冰，沥干水。

4　将烤箱专用玻璃器皿洗净，用厨房纸巾擦干水。

5　倒入2汤匙橄榄油，用毛刷均匀地刷满整个内壁。

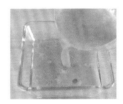

6　烤箱预热至180℃；将蛋液倒入涂好油的玻璃器皿中。

7　均匀地撒上圣女果块和青豆粒，送入烤箱中层，烘烤20分钟。

8　取出后，淋上1汤匙香油即可。

👨‍🍳

— 营养贴士 —

青豆在中国已有五千年的栽培史，其富含不饱和脂肪酸和大豆磷脂，有保持血管弹性、健脑和降血脂的作用；青豆中还含有β-胡萝卜素，可以维持眼睛和皮肤的健康，并有助于身体免受自由基的伤害。

烹饪秘籍

除了圣女果和青豆，也可以加入葱花、虾仁、扇贝肉等自己喜好的食材，使烤蛋羹变得更加丰盛。

水蒸蛋是每个孩子从小吃到大的营养美食，但是每次都要开火架蒸锅，是件略显麻烦的事情。有了烤箱，这都不是问题了。将打好的蛋液倒入容器中，点缀上各色食材，旋钮一转，该干嘛干嘛，"叮"的一声过后就能有漂亮又好吃的蛋羹上桌啦！

不要刺身要法风
法风三文鱼

⏰ 制作10分钟+等待20分钟　　🔨 中

主料

带骨三文鱼片500克

辅料

柠檬1个 | 新鲜迷迭香3根 | 大蒜3瓣
橄榄油2汤匙 | 海盐适量 | 现磨黑胡椒适量

做法

1　带骨三文鱼片洗净，用厨房纸巾吸干多余水。

2　柠檬洗净，切成薄片。

3　大蒜洗净去皮，切成薄薄的蒜片。

4　新鲜迷迭香洗净，沥干水，剪成3厘米左右的段。

5　烤箱预热至210℃；烤盘上铺一大张锡纸（可以包下所有食材），刷上橄榄油。

6　将三文鱼片和柠檬片、大蒜片穿插摆放。

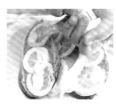

7　依照个人口味，研磨适量的海盐和黑胡椒在三文鱼上，点缀迷迭香叶子，把锡纸包裹好。

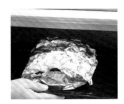

8　送入烤箱中层，烘烤20分钟左右即可。

烹饪秘籍

1. 如果买不到新鲜迷迭香，可以用干燥的迷迭香或者混合法式香草来代替。

2. 海盐口感相对清淡，不像日常的盐那样过咸。如果烤好后觉得味道太淡，也可以在食用时补撒一些。

3. 这道菜也可以用整条三文鱼制作，制作时将柠檬片先摆一部分在下方，再放上整条的三文鱼中段，上方撒盐和黑胡椒，点缀迷迭香，剩余的柠檬片对半切开摆放在侧面即可。

提起三文鱼，好像大家都会联想到日式刺身。其实，法国人发明的烤三文鱼别有一番滋味：柠檬的酸，三文鱼的鲜，香料的浓，混在一起，闻一下就能让人沉醉其中。

好食材无须过多点缀
盐焗秋葵

 制作5分钟+等待15分钟　　低

秋葵由于风味佳、烹饪简易、健康养生而大受欢迎。作为一种味道百搭的食材，它可以采用的烹饪方法有很多，而盐焗是最能突出它本味的方式。

主料
秋葵20根
辅料
海盐适量 ┃ 食用油2汤匙

营养贴士
秋葵原产于非洲埃塞俄比亚及亚洲的热带地区，因长相酷似辣椒，又被称为"洋辣椒"，可以增强人体免疫力、保护胃黏膜。

做法

1　秋葵洗净，保留秋葵蒂不要剪掉，沥干水。

2　烤箱预热至180℃，烤盘包裹锡纸。

3　在烤盘上刷上薄薄一层食用油（1汤匙量）。

烹饪秘籍
出炉后单吃已经很好吃，当然也可以依据个人口味，撒一些孜然粉、五香粉、现磨黑胡椒等，或是蘸酱食用。

4　将秋葵整齐地摆放在烤盘内。

5　用小毛刷在秋葵上刷上剩余的食用油。

6　撒上适量的海盐，送入烤箱中层，烘烤15分钟即可。

烤出法式风情
法式香片

⏰ 制作10分钟+等待5分钟　🥄 低

法棍面包是法国的代表食物。在法国，上到米其林星级餐厅，下至寻常百姓家，一道简简单单的法式烤香片都是必备的主食，而且做起来超级容易！

主料

法棍1根 ｜ 大蒜3瓣 ｜ 新鲜欧芹10克 ｜ 黄油30克

辅料

盐适量

烹饪秘籍

如果买不到新鲜欧芹，可以用干燥的欧芹碎代替，用量减少到3～5克即可。

做法

1　法棍以60°夹角斜切成厚约1.5厘米的薄片。

2　大蒜洗净，用刀拍松，去皮。

3　将剥好的蒜瓣放入压蒜器压成蒜末。

4　新鲜欧芹洗净，沥干水分，切成碎末。

5　黄油放入小碗中，微波炉加热1分钟，融化成液体状。

6　将欧芹末和蒜末放入黄油中，可以根据个人口味略微加一些盐，也可以不加做成原味，佐餐用。

7　烤箱预热至220℃，用毛刷蘸取步骤6调好的黄油香料汁刷在切好的法棍切面上。

8　入烤箱中层，烘烤5～10分钟，至散发出浓郁的香气，略呈金黄色即可。

 快手美味又吸睛

巧克力
棉花糖吐司

⏰ 制作5分钟+等待5分钟　　🍯 低

想做一份甜品，不要太复杂，不要太奢侈，外观漂亮又好吃。那么这款甜品吐司简直就是为此而生！简单的原料，便捷的步骤，超短的时间，待客也好，解馋也罢，就是用来摆拍也能赚足眼球。

主料
吐司片2片 ┃ 棉花糖50克 ┃ 巧克力酱适量

辅料
花生酱2汤匙 ┃ 彩色食用糖珠适量

做法

1　烤箱预热至180℃；准备2片吐司片，分别放上1汤匙花生酱。

2　用勺背将花生酱均匀地涂抹在吐司上。

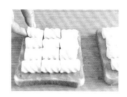

3　将棉花糖整齐摆放在吐司上。

4　放入烤箱中层，烘烤5～10分钟，注意观察棉花糖表面，略呈金黄色即可取出。

5　趁热淋上巧克力酱。

6　点缀上彩色的食用糖珠即可。

烹饪秘籍

花生酱分柔滑型与颗粒型两种，本菜谱推荐使用柔滑型，与整体口感更协调。

好吃不油腻
蜂蜜馒头片

⏰ 制作5分钟+等待10分钟　　🥄 低

吃剩的馒头别着急扔，干吃太乏味了，刷点蜂蜜、黄油，烤成馒头干，一秒钟变零食。而且，用烤箱比煎的方法更少油，健康美味一个都不耽误。

主料

馒头2个

辅料

黄油30克 | 蜂蜜30克

做法

1　将馒头切片待用。

2　用100毫升饮用水稀释蜂蜜，制成蜂蜜水。

3　烤盘底部抹上黄油，在馒头片两侧也均匀地涂抹上黄油。

烹饪秘籍

为避免蜂蜜、碎屑掉落，可将馒头片铺在烤箱底层加热。

4　烤箱200℃预热，将烤盘送进烤箱，烤6分钟。

5　取出馒头片，浸入蜂蜜水。

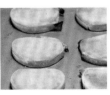

6　将馒头片放回烤盘，继续烤5分钟，直至馒头片呈金黄色即可。

奶酪三明治

 制作10分钟+等待8分钟　 低

最简单的往往也是最经典的，奶酪三明治永远都不会过时。它方便携带，饿了的时候随时都可以吃上一口，又简单好学，即使不会做饭，也不会觉得制作起来有难度。

主料
吐司片3片 ｜ 鸡蛋3颗 ｜ 火腿片2片 ｜ 番茄1/2个
辅料
沙拉酱20克 ｜ 肉松10克 ｜ 奶酪片2片

烹饪秘籍

喜欢脆脆口感的朋友，可以烤10分钟，具体时间会因为烤箱的不同而有所差别哦。

做法

1　将番茄洗净、去皮，切片；将火腿片、奶酪片沿对角线切开。

2　吐司片沿对角线切开，涂上适量沙拉酱，撒上肉松。

3　盖上另一片吐司片，抹上部分沙拉酱。

4　铺上火腿片、番茄片，再叠上奶酪片，挤上剩余沙拉酱，再盖上最后一层吐司。

5　将鸡蛋打散，然后把三明治的四周都涂上蛋液。

6　烤盘底部铺上油纸，放上三明治。

7　烤箱180℃预热，将烤盘送进烤箱，烤8分钟，至三明治呈金黄色即可。

清晨的一缕阳光
田园吐司挞

⏰ 制作10分钟+等待10分钟　🔨 低

与之前提到的培根蛋挞类似，这也是一道适合作为早餐的菜，不同的是，这道菜直接用吐司托着培根、鸡蛋等食材。它的做法也十分简单，让你的早晨不再匆忙。

主料

吐司片4片 ┃ 培根片2片 ┃ 鸡蛋1颗

辅料

黑胡椒碎3克 ┃ 盐2克 ┃ 马苏里拉奶酪碎20克
黄油5克

做法

1　培根片切丁，撒上黑胡椒碎。

2　鸡蛋打散，加入盐，搅拌均匀。

3　将培根丁放在吐司片上，撒上部分马苏里拉奶酪碎。

4　烤盘底部铺上锡纸，抹上黄油，将吐司放到锡纸上。

5　淋上蛋液，撒上剩余奶酪碎。

6　烤箱180℃预热，将烤盘送进烤箱，烤10分钟即可。

烹饪秘籍

一层食材一层奶酪的组合可以让烤出来的蛋液更具流动性哟。

大人小孩抢着吃
水果吐司比萨

🕐 制作5分钟+等待10分钟　　🥢 中

免去了和面、发酵、烘焙面饼的复杂程序，这道比萨采用吐司片替代比萨底，撒入满满的水果，不论是外观还是内在，都让人赞叹。

主料

吐司片2片（约100克）▎香蕉60克

红心火龙果50克 ▎芒果60克

辅料

马苏里拉奶酪40克

做法

1　把香蕉、红心火龙果、芒果去皮，切成1厘米见方的丁。

2　吐司片放在烤盘中，均匀地撒上一半的马苏里拉奶酪。

3　均匀地铺上所有的水果。

4　在水果上撒入剩余的马苏里拉奶酪。

5　烤箱180℃预热5分钟，烤盘放入烤箱中层，烤10分钟即可。

— 营养贴士 —

火龙果中富含钾元素，能够起到消肿利尿的作用，当身体出现水肿情况时，可以多食用火龙果。

烹饪秘籍

选择水果时，要选择水分不多的水果，例如苹果、蓝莓等。

清爽绿色好营养
黑胡椒牛油果
烤吐司

⏰ 制作5分钟+等待8分钟　🍴 低

牛油果也叫鳄梨，在西餐中比较常见，营养丰
富。烘焙过的牛油果口感绵密，配上酸甜的圣女
果，真是味觉上的大满足。

主料

吐司片2片（约100克）┃牛油果1个┃圣女果80克

辅料

盐1/2茶匙 ┃ 黑胡椒粉1/2茶匙

马苏里拉奶酪30克

做法

1　牛油果切开，去
核、去皮，将果肉切
成块。

2　将牛油果压成泥，
加入黑胡椒粉和盐，
搅拌均匀。

3　将圣女果洗净，对
半切开。

4　把牛油果泥铺在吐
司片上，放上切好的
圣女果，撒上马苏里
拉奶酪。

5　烤箱180℃预热5分
钟，吐司片放入烤箱
中层，烤8分钟至圣女
果变软即可。

— 营养贴士 —

牛油果的膳食纤维
含量高，可以促进
肠胃消化，改善
便秘。

烹饪秘籍

挑选牛油果时，要
选择颜色开始变黑
的、手捏起来偏软
一点的，切开后果
肉是嫩绿色的，这
样的牛油果是最适
合食用的。

卖相满分
面包蔬果酸奶沙拉

⏰ 制作5分钟+等待10分钟　　🥄 低

主料

吐司片2片（约100克）┃圣女果5个┃草莓5个
黄瓜60克

辅料

浓稠酸奶2汤匙

👨‍🍳
—— 营养贴士 ——

草莓中含有丰富的植物酸和膳食纤维，能开胃消食，促进胃肠蠕动，预防和改善便秘。

做法

1　将吐司片切去吐司边；烤箱180℃预热，吐司片放入烤箱中层，烤至吐司酥脆。

2　将烤好的吐司切成小块。

烹饪秘籍

洗草莓时可以在水中放入一点盐，浸泡一会儿，能有效去除草莓表面残留的农药。

3　圣女果洗净，对半切开；草莓洗净，对半切开；黄瓜洗净，切成薄片。

4　将圣女果、草莓、黄瓜片、吐司块都放在碗里，倒入浓稠酸奶，搅拌均匀即可。

PART 05

电饭煲来帮忙

心中最期盼的味道
紫米粢饭团

🕐 10分钟　🍴 中

鲜香的卤蛋、劲脆的油条、软软的肉松，还有榨菜和萝卜干，都被缓缓卷入紫米外皮中，皮薄大馅，这才是美食中的王道。

主料
紫米100克 ▌糯米50克 ▌卤蛋1颗 ▌油条半根
辅料
肉松30克 ▌榨菜20克 ▌萝卜干20克

营养贴士
紫米的营养价值和药用价值比较高，素有"药谷"之称。紫米中含有的钙可预防骨质疏松。

做法

提前一晚做法 **1**

1　紫米和糯米洗净后，加入清水浸泡2小时，放入电饭煲中，预约明日早餐时间做好。

早晨做法 **2→6**

2　卤蛋切开成四瓣；榨菜、萝卜干切丁。

3　在案板上铺一层保鲜膜，取适量蒸好的紫米和糯米均匀地铺平，轻轻压实。

4　先在米饭上撒一层肉松，放入榨菜丁、萝卜干。

5　在米饭中央放油条，紧挨着油条码上卤蛋。

6　沿边缘将米饭卷起压紧，食用时去掉保鲜膜即可。

烹饪秘籍
1. 卷饭团的时候一定要用力压紧，防止饭团松散，用寿司帘效果更佳。
2. 可将油条用家里的锅复炸一遍，吃起来更香脆。
3. 在饭团中放入咸鸭蛋黄，就可以得到一个吃起来幸福感十足的"双蛋粢饭团"。

大口吃过瘾

香菇腊肠煲仔饭

⏰ 10分钟　🥄 低

煲仔饭也称瓦煲饭，是源于广东地区的特色美食，属于粤菜系。晶莹剔透的米饭吸取了腊肠的油脂后，浓郁咸香，肥而不腻，温润可口。

主料

大米200克 ▎鲜香菇6朵 ▎腊肠1根 ▎鸡蛋1颗

辅料

生抽2汤匙 ▎老抽1茶匙 ▎白糖1/2茶匙

做法

提前一晚做法 1→5

1　腊肠切片；鲜香菇洗净去蒂，切成小块。

2　大米洗净放入电饭煲，加水到正常煮饭刻度。

3　将腊肠片和鲜香菇块铺在大米上面。按下煮饭键，预约为明日早餐时间做好。

早晨做法 6→7

4　早上打开电饭煲，在锅的中心打入鸡蛋，盖盖，在保温状态下闷5分钟。

5　将生抽、老抽和白糖调成料汁，浇在饭上，拌匀即可。

烹饪秘籍

利用电饭煲取代砂锅来做，可以节省砂锅煮米饭所需要的时间。

最火网红饭

番茄饭

🕐 10分钟　🍴 中

主料

大米200克 ▎番茄1个 ▎
洋葱100克 ▎玉米粒50克 ▎青豆50克

辅料

盐1茶匙 ▎食用油少许

做法

提前一晚做法 1→7

1　大米淘洗干净备用。

2　洋葱洗净去皮切末。

3　番茄去蒂，在中间用刀划个十字。

─ 营养贴士 ─

番茄是维生素C的天然食物来源，能保护皮肤健康，维持胃液的正常分泌，促进红细胞的形成，女性多吃有利于保持皮肤弹性。

4　将浸泡好的大米放入电饭煲中，水要比平常煮饭少一些。

5　放入洋葱末、玉米粒和青豆。

6　加几滴食用油，放入盐，再放入番茄。

烹饪秘籍

如果喜欢吃口味浓郁的，可以在饭中加入番茄酱。因为番茄煮熟后会出水，所以煮饭水要比平常放得少一些。

7　按下预约键，选择明早吃饭的时间煮好即可。

早晨做法 8→9

8　早上预约完成后，开盖，用饭勺把番茄捣碎拌匀。

9　拌完再盖上锅盖焖5分钟，即可盛出。

曾风靡网络的"番茄饭",不仅营养美味,
做法也超级简单。一个电饭煲就能轻松完
成,绝对是懒人必备菜谱之一。

咸香适宜
鸡丝粥

⏰ 10分钟　🔨 低

主料

大米150克 ┃ 鸡胸肉200克

辅料

香葱2根 ┃ 料酒2茶匙 ┃ 盐适量 ┃ 白胡椒粉适量

—— 营养贴士 ——

鸡胸肉是鸡身上最大的两块肉，肉质细嫩。其中蛋白质含量较高，作为早餐食材更易被人体所吸收，有增强体力的作用，是中国人膳食结构中脂肪和磷脂的重要来源之一。

做法

提前一晚做法 1→7

1 将鸡胸肉洗净。

2 锅中烧开水，加入鸡胸肉和料酒，煮熟捞出。

3 将煮熟的鸡肉撕成鸡丝。

4 香葱去根洗净，取葱绿部分切成末。

5 将鸡丝和葱末放入保鲜盒，放进冰箱冷藏备用。

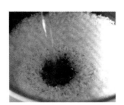

6 大米淘洗干净放入锅中，加入煮饭量三倍的清水。

7 使用电饭煲的预约功能，选择第二天清晨起床的时间，按下预约键。

早晨做法 8→9

8 早上将鸡丝放入煮好的粥中，加入盐和白胡椒粉，用勺子推散开，再煮5分钟。

9 出锅前撒上葱末，搅拌均匀即可出锅。

烹饪秘籍

在鸡胸肉的选择上，选择鸡小胸最为合适，鸡小胸肉质鲜嫩，更适合煮粥。

爽口又不缺滋味的一道粥品，是喜欢咸鲜口味者的极佳选择，同时也满足了早餐所需要的全部营养。

一日之计在于晨
双豆黑米粥

⏰ 5分钟　🥄 低

主料
红豆100克 ┃ 黑豆100克 ┃ 黑米100克

做法
1. 红豆、黑豆洗净，浸泡15分钟；黑米洗净。
2. 将红豆、黑豆、黑米混合在一起，放入电饭煲内。倒入约1500毫升清水。
3. 使用预约功能，选择第二天清晨起床时间，按下预约键。

金色蛋花
鸡蛋粥

⏰ 10分钟　🥄 低

主料
大米150克 ┃ 鸡蛋2颗

辅料
盐1/4茶匙

做法

提前一晚做法 1
1. 大米淘洗干净，放入锅中，大米与水的比例为1∶8，使用电饭煲的预约功能，选择第二天清晨起床的时间，按下预约键。

早晨做法 2→3
2. 将鸡蛋打成蛋液，放入1/4茶匙盐。
3. 将蛋液倒入熬煮好的粥中，搅拌均匀即可出锅。

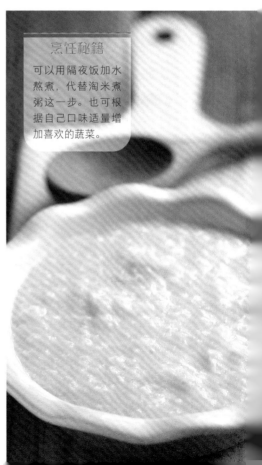

烹饪秘籍

可以用隔夜饭加水熬煮，代替淘米煮粥这一步。也可根据自己口味适量增加喜欢的蔬菜。

营养美味必备
小米红糖粥

⏰ 5分钟　🍳 低

小米粥口味清淡，简单易制，有健胃消食的特点。在早餐时间搭配红糖食用，更容易被人体吸收。利用电饭煲保温功能，早起也能喝一碗热乎乎的粥。

主料

小米100克

辅料

红糖1汤匙

—— 营养贴士 ——

小米含有17种氨基酸，其中人体必需氨基酸8种，此外还有多种矿物质及维生素，因而多食用小米粥可起到助眠、保健、美容的作用。同时，小米也是老人、病人、产妇宜用的滋补品。

做法

提前一晚做法 1→6

1　小米淘洗干净。

2　电饭锅内放入清水烧开，小米跟水的比例1：8。

3　放入小米，不断搅拌防止粘锅煳底。

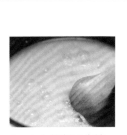

4　大火熬制10分钟，转中小火慢慢熬煮15分钟，其间要不断搅拌。

5　待米汤浓稠即可。

6　此时盖上盖子，不要关闭电源，利用电饭煲保温功能，留待明晨食用。

早晨做法 7

7　将提前一晚煮好的粥加入1汤匙红糖，搅拌均匀即可。

烹饪秘籍

煮粥时切记水快开时再下米，大火先熬8~10分钟，然后中小火熬15分钟。不能偷懒，小米刚下锅要搅动一下，防止煳底。

香甜丝滑
红薯甜粥

🕐 10分钟　　🍯 低

除了烤、煮、蒸，红薯还能怎么吃？这款粥品就是答案。真正做到了营养均衡，又充满饱腹感。

主料

大米150克 ┃ 红薯100克

辅料

白糖1茶匙

做法

提前一晚做法 1→4

1　红薯洗净、去皮，切成小块。

2　蒸锅中烧开水，放入红薯蒸熟。

3　将蒸熟的红薯放进保鲜盒，放入冰箱冷藏备用。

4　大米淘洗干净放入锅中，米与水的比例为1：8，使用电饭煲的预约功能，选择第二天清晨起床的时间，按下预约键。

早晨做法 5→6

5　将红薯块放入煮好的大米粥中拌匀，熬至浓稠，红薯熟软。

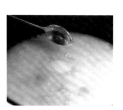

6　加入1茶匙白糖，搅拌均匀即出锅。

烹饪秘籍

可以使用蜂蜜代替白糖，口感都会非常香甜。红薯块也可以放入微波炉中，盖上一层保鲜膜，中高火转2分钟。

健康之选
南瓜牛奶燕麦粥

⏰ 5分钟　🥄 低

谁说牛奶和燕麦才是最佳拍档？那你一定还没有尝过这款粥品！南瓜的清甜搭配牛奶的香醇，简单的操作带来的却是丰富的口感。

主料
牛奶500毫升｜燕麦片100克｜南瓜100克

辅料
白糖1茶匙

做法

提前一晚做法 1→3

早晨做法 4→6

1　南瓜去皮、去瓤，切小块。

2　将燕麦片和南瓜块放入锅中，加入燕麦片三倍的清水。

3　使用电饭煲预约功能，选择第二天清晨起床的时间，按下预约键。

4　将牛奶倒入提前煮好的燕麦南瓜粥中，搅拌。

5　撒上1茶匙白糖。

6　搅拌均匀即可。

烹饪秘籍
燕麦清洗干净后放入水中浸泡半小时，煮出来的粥味道更香浓。

养胃首选
菠菜菌菇粥

🕐 10分钟　🥄 低

喝粥最养胃，在粥中放入菠菜，再搭配菌菇一起食用，更是对身体大有好处。早餐给自己做一碗简单的菠菜粥，健康又美味！

主料

大米150克 ▎鲜香菇3朵 ▎胡萝卜50克 ▎菠菜100克

辅料

浓汤宝 🕐 1块

👨‍🍳
━━ 营养贴士 ━━

这道粥品清爽鲜美，易于消化，菠菜提供了充足的维生素，并且利于补铁补血；而香菇除了让粥品更鲜美之外，还能提高免疫力。

做法

提前一晚做法 1→4

1 鲜香菇、胡萝卜洗净，切成小丁。

2 菠菜洗净去根，切成小段。

3 将菠菜段、香菇丁和胡萝卜丁放入冰箱冷藏备用。

🕐 使用方便调料

4 大米淘洗净，按米水1∶8的比例放入电饭煲，使用预约功能预约第二天起床时间出锅。

早晨做法 5→7

5 将胡萝卜丁、香菇丁放入熬好的白粥中，小火熬煮5分钟。

6 再放入菠菜段小火煮1分钟。

7 放入一块浓汤宝，搅拌均匀即可出锅。

烹饪秘籍

胡萝卜、香菇要切成小丁，可有效节省煮制的时间。

PART 06

蒸锅来帮忙

有内涵的吐司卷

肉松吐司海苔卷

🕐 10分钟　🥄 低

主料

吐司片2片（约100克）┃肉松30克┃土豆50克
海苔片1片

辅料

沙拉酱4茶匙┃盐1/2茶匙

👨‍🍳

―――― 营养贴士 ――――

土豆富含膳食纤维，常食用土豆可以加速肠胃
消化；土豆中的钾元素还有降低血压的功效。

做法

1　土豆洗净，去皮，切块，上锅蒸熟。

2　把蒸熟的土豆用勺子压成泥，加入盐，搅拌均匀。

3　吐司片切掉吐司边，用擀面杖擀薄一些。

4　吐司上铺上土豆泥，抹上沙拉酱，再放上肉松。

5　从吐司片的一端开始将吐司卷起来，将吐司卷的接口处向下，在吐司卷的最上层抹上剩余沙拉酱。

6　把海苔片剪成碎片，将海苔碎撒在吐司卷的上方即可。依次做完另一片吐司片。

烹饪秘籍

食材中的土豆也可以换成山药，加入自己喜欢的调料，调成咸口的味道。

升级版的美味
双色吐司版
铜锣烧

 10分钟　　低

主料

吐司片4片（约200克）┃山药100克┃红豆沙50克

辅料

白砂糖10克┃牛奶20毫升

👨‍🍳
—— 营养贴士 ——

山药有益肠胃，经常食用能够强健脾胃。

做法

1　把山药洗净、去皮，切成块，上锅蒸熟。

2　将蒸熟的山药压成泥，加入白砂糖和牛奶，搅拌均匀。

3　将吐司片用模具压成圆形。

4　铺一片吐司在底层，放入山药泥，占满吐司的一半。

5　另一半吐司上放红豆沙。

6　将另一片吐司盖上即可，如此做完全部吐司。

烹饪秘籍

山药削皮以后很容易氧化变黑，可以在冷水中加入盐，将山药泡在水中，有能效避免变黑。

中式甜品
红枣切糕

⏰ 10分钟　🍴 中

主料

糯米200克 ┃ 红枣100克

辅料

白糖1汤匙

营养贴士

中医认为，红枣可补虚益气、养血安神、健脾和胃，是脾胃虚弱、气血不足、失眠等患者良好的保健营养品。

做法

提前一晚做法 1→8

1　糯米和红枣提前浸泡4小时以上。

2　将糯米控干水，放入碗中。

3　蒸锅放水烧开，将糯米放进蒸锅。

4　蒸15分钟左右开盖，倒入适量开水，搅拌均匀。

5　再蒸15分钟。

6　取一个保鲜盒，在底部和两侧铺上一层保鲜膜。

7　底部铺上一层蒸好的糯米。

8　再放一层红枣，再铺一层糯米，直到把保鲜盒塞满，压紧放入冰箱冷藏备用。

早晨做法 9→10

9　蒸锅放水烧开，放入切糕，大火蒸5分钟左右。

10　取出保鲜膜，切小块，撒上白糖即可。

烹饪秘籍

在切切糕的时候，可以在刀上抹点水，这样就不会粘刀了。

小时候在上学路上经常听到红枣切糕的叫卖声，香甜的红枣配上软香的糯米，儿时的记忆总是美好的。喜欢吃切糕的小伙伴们，一起来试试吧。

粉糯酸甜好滋味
蓝莓山药

⏰ 10分钟　🍴 低

粉糯鲜香的山药淋上酸甜可口的蓝莓酱，再摆出自己喜欢的造型，打心眼儿里就喜欢这道甜口菜。

主料

山药200克

辅料

盐1/4茶匙 ┃ 牛奶50毫升 ┃ 蓝莓酱2汤匙

做法

提前一晚做法 1→3

1　山药去皮，用清水洗净，切段备用。

2　蒸锅中加入适量清水，大火烧开后放入山药段蒸熟。

3　将山药段放凉，用勺子压成泥，放入冰箱冷藏备用。

早晨做法 4→6

4　取出山药泥，加入盐和牛奶，和山药泥充分搅拌融合。

5　将搅拌好的山药泥放入盘中，整理成喜欢的形状。

6　在山药泥表面淋上蓝莓酱即可。

烹饪秘籍

1．最好挑选铁棍山药，口感软糯，更适合做此菜肴。

2．山药泥可以装在裱花袋中，更容易挤成美观的形状。

养生宝物
杂粮窝头

🕐 10分钟　🔨 高

早年间，窝头是穷人吃的，现在窝头是珍贵的养生宝物，就惦记那口细面杂粮的原香，走亲串友带着一锅杂粮窝头，都是最亲切的问候。

主料
荞麦面粉100克 ｜ 玉米面50克 ｜ 糯米粉50克

辅料
小苏打2克

烹饪秘籍
加入糯米粉可以使面团更易成形，且窝头蒸好后不易松散。

做法

提前一晚做法 1→6

1 将所有材料混合，加入120毫升清水，边加水边用筷子轻轻搅拌成絮状。

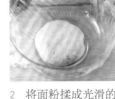

2 将面粉揉成光滑的面团，盖上保鲜膜醒发30分钟。

3 将醒好的面团放在案板上，揉成较粗的圆柱状。

4 将圆柱状面团切成等量的小剂子，将剂子揉圆。

5 将大拇指按进圆剂子里，边转边捏，使其最终成形为一个中空的小尖锥体。

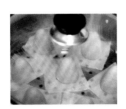

6 面坯冷水上锅，盖上锅盖后大火烧开，上汽后蒸20分钟，蒸熟后放入冰箱冷藏备用。

早晨做法 7

7 早上将窝头放入蒸锅，蒸10分钟即可食用。

一个小可爱
荷叶饼

⏰ 10分钟　🔨 中

主料

中筋面粉200克 ┃ 温水110毫升

辅料

白糖20克 ┃ 酵母2克 ┃ 食用油1茶匙
面粉适量

做法

提前一晚做法 1→7

1　酵母和白糖混合均匀，分散溶解在110毫升约30℃的温水里，放置5分钟。

2　加入200克中筋面粉，揉成光滑的面团，盖保鲜膜松弛10分钟。

3　面板上撒适量面粉。面团放在面板上继续揉光滑，然后分成约50克一个的小剂子，每个小剂子揉成光滑面团，盖保鲜膜松弛2分钟。

4　取一个面团，擀成厚约2毫米的椭圆形，短边约5厘米长，长边约10厘米长。面饼上面刷一层油。

5　长边对折，形成半圆形，用叉子在表面压出5排印子。照此做完所有剂子。

6　放在铺了蒸笼纸的蒸笼上，温暖处发酵。发酵至1.5~2倍大，用手指轻轻按压表面，有松软感，压痕可以缓慢恢复。

7　蒸锅烧开水后，放入荷叶饼，中火蒸15分钟即可。放入冰箱冷藏备用。

早晨做法 8

8　蒸锅烧开水后，放入荷叶饼，蒸10分钟即可。

烹饪秘籍

1.　做好的荷叶饼为半圆形比较好看，所以整形的时候适当调整一下椭圆形的长度，保证对折后的形状为半圆形。

2.　可以用叉子或者干净的梳子制作压痕。压痕稍微深一点，蒸好后会变浅。

112

在中式馒头里有一个小可爱，就是荷叶饼，
听着名字就一定想吃吧。把面团稍稍做一点
改变，就可以做出荷叶形状的饼，可以单独
吃，还可以夹各种馅。

来啊，咬我呀
全麦馒头

⏰ 10分钟　🥄 高

主料

中筋面粉200克 ┃ 全麦面粉50克

辅料

酵母3克 ┃ 盐1茶匙 ┃ 白糖30克
面粉适量

做法

提前一晚做法 1→8

1 取一小碗，将白糖溶入140毫升温水中，加入酵母，用筷子搅拌均匀，静置5分钟。

2 中筋面粉与全麦面粉混合，加入盐。

3 将酵母和白糖的混合液缓缓地倒入面粉中，边加水边用筷子轻轻搅拌成絮状。

🧑‍🍳
— 营养贴士 —

全麦为面食中营养价值较高的，富含丰富的维生素、膳食纤维、碳水化合物及微量元素，特别适合糖尿病人食用，也是当下最流行的养生食材之一。

4 将面粉揉成光滑的面团，盖上保鲜膜进行发酵。

5 待面团发酵至两倍大，内部呈均匀的蜂窝状时，将面团取出放在案板上。

6 在案板上撒上一层薄面粉以防粘连，用手掌揉压面团进行排气，揉成较粗的圆柱状。

烹饪秘籍

1. 温水的温度40℃左右为佳，温度过高易将酵母烫死，失去活性，过低则不易发酵。

2. 面粉中加入一点糖，有助于面团发酵，缩短发酵时间。

3. 馒头蒸好后不要马上打开盖子，要关火闷3分钟以防馒头皮遇冷塌陷。

7 将圆柱状面团切成等量的小剂子，揉圆成馒头生坯，在室温下进行二次发酵25分钟。

8 蒸锅中加入适量冷水，将面坯放入，盖上锅盖后大火烧开，上汽后蒸15分钟，关火闷3分钟。冷却后放入冰箱冷藏备用。

早晨做法 9

9 蒸锅烧开水后，放入全麦馒头，复蒸10分钟即可。

小时候，家里馒头蒸熟后掀开锅盖的刹那，喜欢趴在旁边闻馒头散发出来的碱香味，那还是精细面粉蒸出来的。近几年开始流行全麦馒头，口感会粗糙一些，若加入一些中筋面粉，全麦的营养有了，嚼着口感更细腻，吃着也香。

"挑食"嘴巴的福音

牛奶燕麦馒头

⏰ 10分钟　🥄 高

主料

中筋面粉300克 ┃ 燕麦片50克
牛奶200毫升

辅料

酵母3克 ┃ 白糖30克 ┃ 面粉适量

做法

提前一晚做法 1→7

1 将燕麦片倒入温牛奶中，加入酵母和白糖搅拌均匀，静置15分钟。

2 将步骤1中的混合液缓缓地倒入面粉中，边加水边用筷子轻轻搅拌成絮状。

3 将面粉揉成光滑的面团，盖上保鲜膜进行发酵。

— 营养贴士 —

燕麦中含有燕麦肽、燕麦蛋白，有很高的美容价值。牛奶中富含的维生素A，可以使皮肤白皙有光泽。可见，常吃牛奶燕麦馒头对肌肤有很好的保养作用。

4 待面团发酵至两倍大，内部呈均匀的蜂窝状时，将面团取出放在案板上。

5 在案板上撒一层薄面粉以防粘连，用手掌揉压面团进行排气，揉成较粗的圆柱状。

6 将圆柱状面团切成等量的小剂子，揉圆成馒头生坯，在室温下进行二次发酵25分钟。

烹饪秘籍

1. 燕麦片要泡软，更有利于提升馒头的口感。

2. 牛奶要根据不同面粉的吸水率适量增减，可以少量多次添加。

7 面坯冷水上锅，盖上锅盖后大火烧开。上汽后蒸15分钟，关火闷3分钟。冷却后放入冰箱冷藏备用。

早晨做法 8

8 蒸锅烧开水后，放入牛奶燕麦馒头，复蒸10分钟即可。

吃着白面馒头有些单调，在超市里闻到奶香浓郁的燕麦馒头馋得走不动，必须要买几个回家才够本。其实做法很简单，在家也可以自己做了，赶快动手试试吧！

金属般的光泽
黑芝麻刀切馒头

⏰ 10分钟　🥄 高

主料

中筋面粉250克 ▎黑芝麻40克

辅料

酵母5克 ▎白糖30克 ▎面粉适量

做法

提前一晚做法 1→8

1 将黑芝麻小火炒熟，放凉后用料理机打成粉末。

2 取一小碗，将白糖溶入140毫升温水中，加入酵母，用筷子搅拌均匀，静置5分钟。

3 将黑芝麻末加入面粉中，再倒入酵母混合液，边加水边用筷子搅拌成絮状。

— 营养贴士 —

都说黑芝麻养发又补钙，确实如此。黑芝麻含有大量的脂肪、蛋白质、维生素、卵磷脂、矿物质等营养成分，有滋肝补肾、利于头发生长的食疗作用。

4 将面粉揉成光滑的面团，盖上保鲜膜进行发酵。

5 待面团发酵至两倍大，内部呈均匀的蜂窝状时，将面团取出放在案板上。

6 在案板上撒一层薄面粉以防粘连，用手掌揉压面团进行排气，将面团擀成约3毫米厚度的长方形薄片。

烹饪秘籍

1. 可以直接用黑芝麻粉代替黑芝麻，更方便快捷。

2. 刀切的时候一定要快，否则切面会不平整。

7 将面片自上而下卷起，用刀切成均匀的馒头生坯，在室温下进行二次发酵25分钟。

8 蒸锅中加入适量冷水，将面坯放入，盖上锅盖后大火烧开，上汽后蒸15分钟，关火闷3分钟。冷却后放入冰箱冷藏备用。

早晨做法 9

9 蒸锅烧开水后，放入黑芝麻刀切馒头，复蒸10分钟即可。

馒头的口味不断变化，颜色上也要跟紧步伐，制作手法上更要有变化。精细的面粉中加入香味浓郁的黑芝麻，虽然外观黑乎乎的，咬一口，好香！

女性的专属主食

红糖坚果馒头

⏰ 10分钟　🥄 高

主料

中筋面粉200克 ｜ 红糖50克

核桃仁20克 ｜ 瓜子仁20克

蔓越莓干20克

辅料

酵母3克 ｜ 面粉适量

做法

提前一晚做法 1→8

1　将红糖溶解于130毫升的温水中，用筛网过滤一遍，滤掉杂质。

2　加入酵母，用筷子搅拌均匀，静置10分钟。

3　将酵母混合液缓缓地倒入面粉中，边加水边用筷子搅拌成絮状。

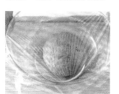

4　将面粉揉成光滑的面团，盖上保鲜膜进行发酵。

5　待面团发酵至两倍大，内部呈均匀的蜂窝状时，将面团取出放在案板上。

6　在案板上撒一层薄面粉以防粘连，用手掌揉压面团进行排气，将核桃仁、瓜子仁、蔓越莓干分次揉入面团中，搓成较粗的圆柱状。

7　将圆柱状面团切成等量的小剂子，揉圆成馒头生坯，在室温下进行二次发酵25分钟。

8　蒸锅中加入适量冷水，将面坯放入，盖上锅盖后大火烧开，上汽后蒸15分钟，关火闷3分钟。冷却后放入冰箱冷藏备用。

早晨做法 9

9　蒸锅烧开水后，放入红糖坚果馒头，复蒸10分钟即可。

👨‍🍳
— 营养贴士 —

红糖性温，有益气补血、健脾暖胃的作用。而坚果中的营养成分有益于女性健康，延缓衰老，抗氧化等。但是，糖尿病人不建议食用。

烹饪秘籍

可提前将蔓越莓干和核桃仁切碎，核桃仁和瓜子仁稍微炒后味道更香。

女主人长期忙碌在厨房，为家人烹制最好的食物。每次做美食首先想到家人爱吃什么。照顾家这么累，请对自己好一点，做一锅红糖坚果馒头来犒劳自己吧。

好厨娘必会
香葱花卷

⏰ 10分钟　🔨 中

主料

中筋面粉300克 ‖ 温水165毫升

辅料

酵母3克 ‖ 盐3克 ‖ 食用油10毫升

葱末20克 ‖ 面粉适量

做法

提前一晚做法 1→9

1　酵母分散溶解在30℃左右的温水里，静置5分钟。用筷子边搅拌边加入300克面粉，揉成比较光滑的面团，盖保鲜膜松弛5分钟。

2　面板撒适量面粉，放上面团揉至外表光滑细腻，盖保鲜膜松弛2分钟。

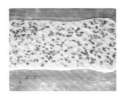

3　用擀面杖擀成宽约20厘米、厚约3毫米的长方形薄面片。均匀地涂抹上油，撒上盐和葱末。

4　沿着长边，将薄面片两边往中间折，叠成宽约7厘米的3层长条状面坯。再切成宽约3厘米的小块。

5　取两小块叠在一起，用筷子沿长边中间压一道深的沟。

6　面坯沿短边折叠，中间插上一根筷子，右手握住筷子，左手捏住短边，轻轻拉，把面坯拉长。

7　左手握着面坯拧两圈，呈麻花状。

8　左手把面坯放到面板上，右手抽掉筷子，略微修整一下，花卷坯就做好了。照此做完全部花卷。

9　将花卷放在温暖处发酵至约2倍大。蒸锅加水烧开，放入花卷，中大火蒸15分钟。冷却后放入冰箱冷藏备用。

早晨做法 10

10　蒸锅烧开水后，放入香葱花卷，复蒸10分钟即可。

烹饪秘籍

1. 如果蒸熟后要保持葱末的绿色，可以在葱末里加少量小苏打，搅拌均匀再撒到面片上。

2. 如果采用一般的手法擀面，面团容易擀成圆形的薄片。想擀成长方形的薄片，每次擀长时不要擀到底，两边留一小部分，沿着刚才垂直的方向再把两边擀开，比较容易成长方形。

香葱花卷算是"花卷界"的经典，很多花卷其实都是从香葱花卷衍生出来的。面粉混合一点油、盐和一把香葱，就能做出最经典的味道。做一锅，让经典好味道延续下去吧。

超富贵的卷
金银卷

🕐 10分钟　🥄 中

主料

中筋面粉250克 ▎玉米粉50克 ▎温水110毫升
开水60毫升

辅料

酵母3克 ▎面粉适量

做法

提前一晚做法 1→9

1　1.5克酵母分散溶解在75毫升温水里，静置5分钟，加入150克中筋面粉，揉成白色面团。

2　50克玉米粉边搅拌边加入60毫升开水做成玉米烫面。剩下的1.5克酵母溶解在35毫升温水中，再加入100克面粉和玉米烫面，揉成黄色面团。

3　将两个面团盖保鲜膜松弛10分钟。

4　面板上撒适量面粉。将两个面团揉光滑，松弛2分钟，再分别擀成形状大小相似，厚约3毫米的大片。白色面片表面喷少量水，铺上黄色面片。

5　将长方形面片的一端用手指压薄，方便最后卷好时收口。

6　从另外一端卷起，卷成卷后稍微搓一下，搓成粗细均匀的长条。

7　切成宽约5厘米的段。

8　放在垫了蒸笼纸的蒸笼上，盖盖子，在温暖湿润处发酵。发酵至1.5~2倍大，用手指轻轻按压表面，压痕可以缓慢恢复。

9　蒸锅加水烧开后，将金银卷放入蒸笼，中火蒸15分钟。冷却后放入冰箱冷藏备用。

早晨做法 10

10　蒸锅烧开水后，放入金银卷，复蒸10分钟即可。

烹饪秘籍

1. 根据面团的软硬度适当调整水量，揉成中等硬度的面团即可。

2. 面团松弛后会更容易揉光滑，松弛后的面团用擀面杖更容易擀开而不容易回缩。面片表面喷少量水，可以让另一片黏得更好，但不要喷太多，否则影响面团的性质和发酵。

3. 也可以把黄色面片放到最外面，制成外表金色的金银卷。

有金有银，这个卷听起来就超级富贵。虽然和真金白银没关系，但就是透着喜庆和吉利，而且添加了玉米粉，更好吃、更健康，给我金银也不换哦。

儿时的美味
芝麻酱糖花卷

⏰ 10分钟　　🥄 中

主料

中筋面粉210克 ┃ 温水110毫升

红糖30克 ┃ 芝麻酱20克

辅料

酵母2克 ┃ 面粉适量

做法

提前一晚做法 1→9

1　酵母分散溶解在约30℃的温水里，静置5分钟活化。加入200克中筋面粉，揉成比较光滑的面团，盖保鲜膜松弛5分钟。

2　继续揉成外表光滑细腻、内部无孔洞的面团，盖保鲜膜松弛5分钟。

3　面板撒面粉，把面团擀成约5毫米厚的长方形薄片。

4　面片上均匀地涂上芝麻酱。

5　将10克中筋面粉和红糖混合均匀，撒在芝麻酱的上面。

6　将面片从一端卷起，卷成卷。用刀切成宽约5厘米的小段。

7　取一小段，用筷子从中间压到底，注意不要压断。如此做完所有花卷坯。

8　将花卷坯放在铺了蒸笼纸的蒸笼里，盖盖子，在温暖处发酵。发酵至1.5~2倍大，手指轻轻按压，压痕可以慢慢恢复。

9　蒸锅水烧开后，放入花卷，中火蒸15分钟。冷却后放入冰箱冷藏备用。

早晨做法 10

10　蒸锅烧开水后，放入芝麻酱糖花卷，复蒸10分钟即可。

烹饪秘籍

红糖和干面粉按照约3：1的比例混合后使用，可以防止蒸熟后红糖液流淌。

小时候，能吃到一个芝麻酱糖花卷是很令人羡慕的一件事。现在条件好了，糖吃多了，大家反而刻意减少糖的摄入，追求健康饮食。但是这个糖花卷偶尔吃一次，仍然让人倍感幸福。

鲜花在餐桌上盛开
玫瑰花卷

🕐 10分钟　　🍴 中

主料

去皮紫薯150克 ▎ 中筋面粉200克
温水70毫升

辅料

酵母2克 ▎ 面粉适量

做法

提前一晚做法 1→8

1　去皮紫薯切薄片，放在盘子里，盖保鲜膜蒸熟。待紫薯不烫手后，压成细腻的紫薯泥。

2　酵母分散在温水中静置5分钟。紫薯泥中加入200克中筋面粉和酵母水，揉成面团，盖保鲜膜松弛5分钟。

3　面板上撒适量面粉，倒入面团，揉成光滑细腻的面团。

4　面团搓成长条，分成10克一个的小剂子，小剂子擀成中间约3毫米厚、四周薄的大小均匀的圆饼。

5　将5个圆饼依次压住另外一个的1/3处，在开始一端放一个小长条形面团做玫瑰花心。

6　从一端卷起，卷成卷。卷好后用刀从中间切开，变成两个玫瑰花状。照此做完所有花卷。

7　将玫瑰花卷舒展开，放在垫了蒸笼纸的蒸笼里，盖盖子，放在温暖处发酵至2倍大。

8　蒸锅加水烧开后，放入花卷，中大火蒸15分钟。冷却后放入冰箱冷藏备用。

早晨做法 9

9　蒸锅烧开水后，放入玫瑰花卷，复蒸10分钟即可。

烹饪秘籍

1．盖保鲜膜蒸紫薯，可以防止蒸的过程中滴进水，保持水分前后基本一致。

2．紫薯的含水量会有差异，可根据面团软硬度，适量添加水或者面粉调节。

3．圆饼擀得四周要薄一点，做好的花卷边缘往外翻一下才自然，更像玫瑰花瓣。

4．可以变换圆饼的叠加数量，数量少，做出的花卷像含苞待放的玫瑰，数量多，则像怒放的玫瑰。

阳光明媚的一天，餐桌上盛开出一盘紫色的玫瑰花，是不是很幸福？用紫薯和面，利用紫薯的天然色彩，做好的玫瑰花卷不仅颜值很高，还会有紫薯的香味和淡淡的甜味。

"收买"宝宝的好食粮
南瓜花卷

🕐 10分钟　🥄 高

主料

面粉250克 | 南瓜100克

辅料

酵母3克 | 白糖10克

做法

提前一晚做法 1→8

1 取一小碗，将白糖溶入80毫升温水中，加入酵母，用筷子搅拌均匀，静置5分钟。

2 南瓜洗净，放入蒸锅中蒸熟，放凉后将南瓜去皮，用勺子压成泥。

3 在面粉中加入南瓜泥，再将酵母和白糖的混合液缓缓地倒入面粉中，边加水边用筷子轻轻搅拌成絮状，后揉成光滑的面团，盖上保鲜膜进行发酵。

4 待面团发酵至两倍大，内部呈均匀的蜂窝状时，将面团取出放在案板上。

5 在案板上撒一层薄面粉以防粘连，将面团用手掌揉压进行排气，将面团擀成3毫米厚的长方形薄片。

6 将面片自上而下卷起，切成等量的小剂子。

7 用筷子在小剂子的中间压出纹路，将两端拉长，向下收口成花卷生坯，在室温下进行二次发酵25分钟。

8 蒸锅中加入适量冷水，将面坯放入，盖上锅盖后大火烧开，上汽后蒸15分钟，关火闷3分钟。冷却后放入冰箱冷藏备用。

早晨做法 9

9 蒸锅烧开水后，放入南瓜花卷，复蒸10分钟即可。

> **— 营养贴士 —**
>
> 秋季气候干燥，又是"流感"的高发期，南瓜含有丰富的维生素A、维生素E，多食南瓜可增强身体免疫力，润燥，维持身体健康状态。

烹饪秘籍

1. 因南瓜中水分较大，加水量要比平时略少一点，具体视南瓜的含水量来决定，不宜一开始用太多水。

2. 如果没有屉布，也可以在蒸屉上刷上一层油，防止花卷底部粘连。

家里来了一位至亲至爱的宝贝，欢喜得不得了，无奈宝宝只能吃一些松软的辅食，但总想着露一手来表达疼爱宝宝的心，那就试试这个南瓜花卷吧。营养丰富、口感松软还易消化，宝宝拿着吃也方便，造型再做这么漂亮，定让你"收买"宝宝的心。

养生主食
南瓜红豆卷

🕐 10分钟　🥄 中

主料

中筋面粉200克 ┃ 去皮南瓜140克

辅料

酵母2克 ┃ 红豆20克 ┃ 面粉适量

做法

提前一晚做法 1→9

1 红豆洗净，在清水中浸泡8小时，泡发至体积明显增大，用手可以轻易掐开。

2 红豆沥干水，放在蒸笼布上，入蒸锅里蒸20分钟至熟透，冷却备用。

3 去皮南瓜切小块，盖保鲜膜，入锅蒸熟，用勺子压成泥，冷却至35℃左右，加入酵母，搅拌均匀。

4 加入200克中筋面粉，揉成光滑细腻的面团，盖保鲜膜松弛5分钟。

5 面板撒面粉，将松弛好的面团分成约55克一个的小面团，分别揉至光滑细腻状，盖保鲜膜松弛2分钟。

6 取一个小面团，用擀面杖擀成厚约5毫米的牛舌状。

7 上面均匀地铺上一勺熟红豆，按压均匀。

8 从一端卷起，卷成卷，放在垫好蒸笼纸的蒸笼里发酵。

9 发酵至约2倍大，手指轻轻按压表面，压痕可以缓慢恢复。蒸锅水烧开后放入红豆卷，中火蒸15分钟。冷却后放入冰箱冷藏备用。

早晨做法 10

10 蒸锅烧开水后，放入南瓜红豆卷，复蒸10分钟即可。

烹饪秘籍

1. 天气热时，红豆可以放在冰箱里泡发，防止变坏。平时放室温泡发就可以。泡发过程中可以换一次水，泡至能用手轻松掐透的状态。

2. 喜欢甜的可以在红豆里加一些糖，或者直接买现成的蜜豆。

3. 南瓜品种不同，含水量差别很大，建议选本地南瓜，水分含量大，淀粉含量少。像日本南瓜、贝贝南瓜水分少、淀粉含量多，更适合蒸着吃。可以根据情况适当调整配方中面粉的含量。

南瓜和红豆都是很健康的天然食材，搭配在一起，无论从风味还是营养上都相得益彰，而且制作也很简单，相信你一定会喜欢上这款健康的主食。

记忆中的味道
糖三角

🕐 10分钟　🔨 低

主料

中筋面粉200克 ▏红糖60克
清水110毫升

辅料

酵母2克 ▏面粉适量

做法

提前一晚做法 1→7

1　酵母分散溶解在110毫升清水中，放置5分钟。加入中筋面粉，揉成光滑的面团。盖保鲜膜松弛10分钟。

2　面板上撒面粉，将松弛好的面团揉至外表细腻光滑，内部没有气泡。分成6个小剂子，盖保鲜膜松弛2分钟。

3　用擀面杖把小剂子擀成厚约5毫米，中间略厚边缘薄的圆形面皮。面皮放在手掌中间，放上约10克红糖。

4　将面皮大约分成3等份，取边缘上三等份的分界点。先从一个点开始，往中间捏合，捏至圆心的位置。

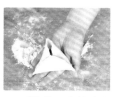

5　再从第二个等分点开始捏，捏至和第一个点重合。

6　最后沿着第三个点捏合至中间，收紧口。依次做完剩下的面皮。

7　放在温暖处发酵至2倍大，手指轻轻按压，压痕可以缓慢恢复。蒸锅烧开水后，放入糖三角，蒸15分钟。冷却后放入冰箱冷藏备用。

早晨做法 8

8　蒸锅烧开水后，放入糖三角，复蒸10分钟即可。

烹饪秘籍

1. 糖三角刚蒸好，里面的糖是融化的，如果想趁热吃，要先咬一个小口，千万不要一口咬开，防止糖一下子喷出来。

2. 捏的时候要捏紧一点，防止蒸的时候糖液流出来。

3. 可以在红糖里面加约1/3量的面粉，可以有效防止糖液流出。

一丢丢红糖，包裹在面团中，在孩童时代是不可多得的美味。虽然现在不缺糖，但相信很多人还在寻找这个味道，孩子们也会喜欢这个软软甜甜的糖三角。

丝丝绵甜
奶香豆沙包

🕐 10分钟　🥢 高

豆沙包一上桌，味蕾已经被绵绵丝甜的红豆沙勾走了，再混入牛奶的香味，只吃豆沙包就一碗白开水也心甘情愿。

主料

面粉200克 ▏红豆沙馅150克 ▏牛奶130毫升

辅料

酵母3克

烹饪秘籍

1. 面团的醒发时间要根据室温来定，如果室温较低则适当延长发酵时间。
2. 牛奶要根据不同面粉的吸水率适量增减，可以少量多次添加。

做法

提前一晚做法 1→7

1　取一小碗，将酵母溶入130毫升温牛奶中，用筷子搅拌均匀，静置5分钟。

2　将酵母和牛奶的混合液缓缓地倒入面粉中，边加水边用筷子轻轻搅拌成絮状。

3　将面粉揉成光滑的面团，盖保鲜膜发酵至两倍大，内部呈蜂窝状。

4　将发酵好的面团用手掌揉压进行排气，揉成较粗的圆柱状。

5　将圆柱状面团切成等量的小剂子，将剂子压扁后擀成圆形包子皮。

6　在包子皮中间放入适量红豆沙馅，包成包子坯，在室温下进行二次发酵25分钟。

7　面坯冷水上锅，上汽后蒸20分钟，关火闷3分钟。冷却后放入冰箱冷藏备用。

早晨做法 8

8　蒸锅烧开水后，放入奶香豆沙包，复蒸10分钟即可。

PART 07

豆浆机来帮忙

回味经典
原味醇豆浆

⏰ 5分钟　🥄 低

主料
黄豆80克

做法

提前一晚做法 1→3
1. 黄豆洗净后放入碗中，加入足量清水浸泡（春夏浸泡五六小时，秋冬浸泡八九小时）。
2. 将浸泡好的黄豆放入豆浆机中，加清水至豆浆机相应水位线。
3. 将豆浆机盖子盖上，插上电源线，选择"预约"功能。

早晨做法 4
4. 待豆浆机程序完成后，将打好的豆浆用滤网滤除豆渣，倒入杯中即可饮用。

补气补血
红豆小米豆浆

⏰ 5分钟　🥄 低

主料
红豆50克 ▎小米30克
辅料
冰糖20克

做法

提前一晚做法 1→3
1. 将红豆和小米洗掉浮灰，用清水浸泡8小时。
2. 将浸泡好的红豆、小米，倒入豆浆机中，加入清水1000毫升。
3. 选择五谷豆浆模式，按下"预约"。

早晨做法 4
4. 完成后，倒出豆浆，加入冰糖，搅拌均匀即可。

减脂养颜来一杯
经典五谷豆浆

⏰ 5分钟　🥄 低

在原味豆浆原料的基础上加入几种谷类，打出来的豆浆多了一些黏稠感，入口丝丝柔滑，富有层次感。

主料

黄豆30克 ┃ 大米10克 ┃ 小米10克 ┃ 小麦仁10克
玉米糁10克

辅料

白糖5克

👨‍🍳
—— **营养贴士** ——

黄豆、大米、小米、小麦仁、玉米糁中含有丰富的脂类，有助于平衡身体的新陈代谢功能，起到滋润肌肤的美容作用，还可以维护心血管的健康。

做法

 提前一晚做法 **1→4**

1 黄豆洗净后放入碗中，加入足量清水浸泡（春夏浸泡五六小时，秋冬浸泡八九小时）。

2 将大米、小米、小麦仁、玉米糁放入碗中，用清水洗净。

3 将黄豆、大米、小米、小麦仁、玉米糁放入豆浆机中，加清水至相应水位线。

4 选择"五谷"功能，预约第二天早上起床时间完成。

早晨做法 **5→6**

5 待豆浆机程序完成后，将打好的豆浆用滤网滤除豆渣。

6 加入白糖搅拌均匀，倒入杯中即可饮用。

烹饪秘籍

1. 可将大米、小米、小麦仁、玉米糁提前用清水泡至发软，打出来的五谷豆浆口感更好，营养也更易人体吸收。

2. 可依个人口味调整谷物的种类和比例。

桂圆红枣豆浆

🕐 5分钟　🥄 低

喜欢红枣但讨厌枣皮的粗鲁，经过豆浆机细致的打磨，过滤出粗糙的残渣，深吸一口气桂圆的清香浮现出来，红枣补血养颜，桂圆补养心脾，混搭一下来碗豆浆，想想就美美哒。

主料

黄豆60克 ┃ 去核红枣20克 ┃ 去核桂圆干20克

——营养贴士——

红枣有很好的补气生血、养气安神、健脾和胃的食疗作用。桂圆营养价值甚高，富含多种氨基酸和维生素，对病后调养身体及体质虚弱的人有辅助功效。

做法

提前一晚做法 1→5

1　将黄豆洗净放入碗中，加入足量清水浸泡。

2　去核红枣和去核桂圆干放入碗中，用清水洗净。

3　将洗净后的红枣和桂圆干分别切碎。

4　将浸泡好的黄豆与红枣碎、桂圆碎一同放入豆浆机中，加清水至豆浆机相应水位线。

5　盖上豆浆机盖子，插上电源线，选择"豆浆"功能，预约第二天早上起床时间完成。

早晨做法 6

6　待豆浆机程序完成后，将打好的豆浆用滤网滤除豆渣，倒入杯中即可饮用。

烹饪秘籍

1. 可将红枣和桂圆干提前用清水泡至发软，打出来的豆浆口感更好，营养也更易人体吸收。

2. 红枣皮中含有丰富的营养成分，制作豆浆时无须去除红枣皮。

3. 红枣和桂圆干自身带有甜味，无须再额外添加糖类甜味剂。

三黑"小主"放光彩
养生黑豆浆

⏰ 5分钟　🥄 低

只需一台豆浆机，三黑"小主"立刻大放光彩，香浓稠滑，比黄豆浆更浓郁。

主料

黑豆50克 ▎黑米30克 ▎黑芝麻20克

营养贴士

"三黑"含有丰富的蛋白质、氨基酸、矿物质、微量元素，有滋阴补肾、乌发养发、明目聪耳、润燥、滋五脏的食疗功效。"三黑"的烹饪方式很多，营养丰富，特别适合在早餐食用，元气满满一整天。

做法

提前一晚做法 1→5

1 黑豆洗净放入碗中，加入足量清水浸泡。

2 黑米用清水洗净，加入足量清水浸泡4个小时。

3 黑芝麻放入碗中，用清水充分清洗。

4 将浸泡好的黑豆、黑米与黑芝麻一同放入豆浆机中，加清水至豆浆机相应水位线。

5 盖上豆浆机盖子，插上电源线，选择"五谷"功能，预约第二天早上起床时间完成。

早晨做法 6

6 待豆浆机程序完成后，将打好的豆浆用滤网滤除豆渣，倒入杯中即可饮用。

烹饪秘籍

1. 黑豆和黑米用水浸泡时可能会掉色，这是因为其表面有水溶性的黑色素，属正常现象。

2. 豆浆打好后可依个人口味加入糖或蜂蜜调味。

補脑养胃
燕麦核桃豆浆

⏰ 5分钟　　🔨 低

打磨豆浆就像是白变小魔法，明明还是固体状的三种食材，不一会儿就将所有的营养元素融入滚滚水水中，也不需要太多的烹饪技巧。早上稠稠润润的来一杯，唤醒沉睡大脑的同时还养胃。

主料

黄豆50克 ┃ 燕麦片30克 ┃ 核桃仁20克

辅料

白糖5克

👨‍🍳
营养贴士

燕麦是高蛋白低碳水化合物，核桃富含丰富的卵磷脂，帮助提高记忆力，增强脑机能的敏感度。常食燕麦和核桃，能有效防止心脑血管疾病，还有助于减轻体重。

做法

提前一晚做法 1→4

1　黄豆洗净放入碗中，加入足量清水浸泡。

2　核桃仁挑净杂质，用清水洗净，切成小块。

3　将浸泡好的黄豆与核桃仁、燕麦片一同放入豆浆机中，加清水至豆浆机相应水位线。

早晨做法 5→6

4　盖上豆浆机盖子，插上电源线，选择"五谷"功能，预约第二天早上起床时间完成。

5　待豆浆机程序完成后，将打好的豆浆用滤网滤除豆渣。

6　加入白糖搅拌均匀，倒入杯中即可饮用。

烹饪秘籍

1. 核桃仁的褐色表皮中含有多酚类物质，制作豆浆时不建议剥掉。

2. 燕麦片可选择即食的，打出来的豆浆口感会更细腻。

简易版"美龄豆浆"
山药糯米豆浆

⏰ 5分钟　　🔨 低

山药、糯米是"美龄粥"食材中的主要角色，同黄豆一起打磨成豆浆，健脾养胃，丝滑香甜，全都融在这一碗完美的豆浆中了——简易版"美龄豆浆"。

主料

黄豆50克 ▎山药40克 ▎糯米20克

👨‍🍳
营养贴士

糯米与山药同食有助于强健脾胃，补中益气、促进消化。很多人喜欢将这两种食材搭在一起，糯米中的B族维生素和山药中的淀粉糖化酶都有很好的保健作用。

做法

提前一晚做法 1→5

1　黄豆洗净放入碗中，加入足量清水浸泡。

2　山药去皮，用清水洗净，切成小块备用。

3　糯米洗净，加入足量清水略微浸泡。

早晨做法 6

4　将浸泡好的黄豆、糯米与山药一同放入豆浆机中，加清水至豆浆机相应水位线。

5　盖上豆浆机盖子，插上电源线，选择"五谷"功能，预约第二天早上起床时间完成。

6　待豆浆机程序完成后，将打好的豆浆用滤网滤除豆渣，倒入杯中即可饮用。

烹饪秘籍

1．糯米可用等量大米代替。

2．山药皮中的皂角素、黏液里的植物碱都是易过敏成分，皮肤接触后容易过敏，所以在处理山药时要尤其注意，削皮前可戴上手套。如不小心发生过敏，可尝试在手上抹些醋，或赶紧把手泡到温水里减轻过敏反应。

3．豆浆打好后可依个人口味加入糖或蜂蜜调味。

黑暗料理
冰糖黑芝麻豆浆

🕐 5分钟　　🥄 低

为调换不同口味的豆浆煞费苦心，这次我们把目标转向了黑芝麻，同样交给魔法师豆浆机。与黑浓郁的黑芝麻豆浆为宜何添加自成一派。加几块冰糖，好不好喝你说了算。

主料
黄豆60克 ▎黑芝麻20克

辅料
冰糖适量

营养贴士

黑芝麻最熟知的就是黑发功效，除此之外，黑芝麻含有丰富的维生素和亚油酸，能够补血通便、养血润燥，还是日常必备的美容养颜食物。

做法

提前一晚做法 1→5

1　黄豆洗净放入碗中，加入足量清水浸泡。

2　黑芝麻放入碗中，用清水充分清洗。

3　将浸泡好的黄豆与黑芝麻、冰糖一同放入豆浆机中。

4　加清水至豆浆机相应水位线。

5　盖上豆浆机盖子，插上电源线，选择"豆浆"功能，预约第二天早上起床时间完成。

早晨做法 6

6　待豆浆机程序完成后，将打好的豆浆用滤网滤除豆渣，倒入杯中即可饮用。

烹饪秘籍

黑芝麻炒熟后食用，营养更易被人体吸收；煸炒时用小火，听到轻微爆裂声即可，煸炒时间不宜过长，时间过长味道容易发苦；冰糖可依个人口味调整用量。

去火润燥，营养消暑
莲子绿豆浆

🕐 5分钟 🥄 低

夏安，炎热酷暑，绿豆和莲子是最好的消暑食材，加了莲子的绿豆浆香甜润滑，不比传统黄豆浆逊色。浓浓的莲子香蔓延整个味蕾，一碗既营养又消暑的莲子绿豆浆你岂能错过？

主料

绿豆60克 ┃ 莲子20克

辅料

冰糖适量

做法

提前一晚做法 1→5

1 绿豆洗净放入碗中，加入足量清水浸泡。

2 莲子用清水洗净，放入碗中用温水浸泡至发软。

3 将浸泡好的绿豆与莲子、冰糖一同放入豆浆机中。

4 加清水至豆浆机相应水位线。

5 盖上豆浆机盖子，插上电源线，选择"五谷"功能，预约第二天早上起床时间完成。

早晨做法 6

6 待豆浆机程序完成后，将打好的豆浆用滤网滤除豆渣，倒入杯中即可饮用。

烹饪秘籍

1. 优质的莲子颗粒大小均匀，颜色为淡黄色，表面没有杂质。

2. 如喜欢绿豆沙的口感，可在豆浆打好后保留豆渣。

胡萝卜枸杞豆浆

🕐 5分钟　　🥄 低

经常熬夜容易形成黑眼圈吗？总是失眠导致眼睛发酸吗？长期对着电脑辐射眼睛发胀吗？这个时候我们需要给双眼一些特殊的照顾。胡萝卜中含有一种护眼元素，而枸杞子中含有一种特殊的抗辐射成分，自制一款养眼早餐豆浆，轻松应对用眼压力。

主料

黄豆50克 ｜ 胡萝卜1根 ｜ 枸杞子10克

辅料

冰糖适量

做法

提前一晚做法 1→5

1　黄豆洗净放入碗中，加入足量清水浸泡。

2　将胡萝卜削皮，清洗干净后切成小块备用。

3　枸杞子洗净后，用温水浸泡至发软。

4　将黄豆、胡萝卜块、枸杞子、冰糖放入豆浆机中，加清水至豆浆机相应水位线。

5　盖上豆浆机盖子，插上电源线，选择"五谷"功能，预约第二天早上起床时间完成。

早晨做法 6

6　待豆浆机程序完成后，将打好的豆浆用滤网滤除豆渣，倒入杯中即可饮用。

烹饪秘籍

胡萝卜去皮是为了保证豆浆更细腻的口感，实际上胡萝卜皮中含有丰富的胡萝卜素，处理时用清水将表皮擦洗干净，可放入豆浆机中一起食用。

与晚餐也相配
板栗花生豆浆

🕐 5分钟　🥄 低

路边买点新鲜的板栗，和家里的花生仁、黄豆一起放入豆浆机，然后等着豆浆机叫你，就大功告成啦！

主料
黄豆50克 ❘ 板栗10粒 ❘ 花生仁20克

辅料
冰糖适量

做法

提前一晚做法 1→5

1　黄豆洗净放入碗中，加入足量清水浸泡。

2　板栗用清水洗净，去壳后切成小块备用。

3　花生仁用清水洗净，放入碗中用温水浸泡至发软。

4　将浸泡好的黄豆与板栗块、花生仁、冰糖一同放入豆浆机中，加清水至豆浆机相应水位线。

5　盖上豆浆机盖子，插上电源线，选择"五谷"功能，预约第二天早上起床时间完成。

早晨做法 6

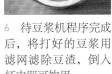

6　待豆浆机程序完成后，将打好的豆浆用滤网滤除豆渣，倒入杯中即可饮用。

烹饪秘籍

1. 板栗用热水浸泡5分钟后更易去壳，也可直接使用熟栗子仁。

2. 将花生仁炒熟后再打豆浆，香气更浓。

愿每个女人停留在18岁
五红豆浆

⏰ 5分钟　🥄 低

女人都希望自己永远18岁，五种红色食材补血补气、营养健康、美容养颜。亲爱的姑娘，记得每天给自己来一碗吧！

主料

红豆50克 ▎红枣3颗 ▎红皮花生仁15克
枸杞子10克

辅料

红糖1汤匙

营养贴士

红豆滋润气色，红枣补血，花生养血，枸杞子补肝益肾，红糖健脾暖胃，因此成为女人的补血养颜良品。多喝五红豆浆具有补气补血、美容养颜、抗衰老、促进血液循环的食疗功效。

做法

提前一晚做法 1→5

1　红豆洗净放入碗中，加入足量清水浸泡。

2　红皮花生仁和枸杞子洗净后，放入碗中用温水浸泡至发软。

3　将红枣洗净后去核，放入碗中备用。

烹饪秘籍

此配方也可熬制成粥，并加入姜丝去寒。红糖依个人口味调整用量。

4　将红豆、花生仁、枸杞子、红枣放入豆浆机中。加清水至豆浆机相应水位线。

5　选择"五谷"功能，预约第二天早上起床时间完成。

早晨做法 6

6　将打好的豆浆用滤网滤除豆渣，倒入杯中，加入红糖搅拌均匀即可。

PART 08

榨汁机来帮忙

胡萝卜苹果汁

🕐 10分钟　🥄 低

主料

胡萝卜200克 ▎苹果300克

辅料

蜂蜜少许

做法

1　胡萝卜洗净，切成小块待用；苹果洗净、去核，切成小块待用。
2　将胡萝卜块与苹果块一并放入榨汁机中，加入少许蜂蜜与150毫升饮用水，搅打均匀即可。

烹饪秘籍

将苹果在温水中浸泡10分钟，再用少许盐或小苏打来回搓洗，这样能更有效地把果皮的残留物清洗干净。

越喝越瘦
雪梨苹果黄瓜汁

🕐 10分钟　🥄 低

主料

雪梨300克 ▎苹果200克 ▎黄瓜100克

辅料

蜂蜜少许

做法

1　雪梨洗净，去皮、去核，切成4瓣待用。
2　黄瓜洗净，去头、去根，切成小块待用。
3　苹果洗净，去核，切成小块待用。
4　将全部蔬果一起放入榨汁机中，加入少许蜂蜜和50毫升饮用水，搅打均匀即可。

烹饪秘籍

黄瓜皮的营养非常丰富，尽量不要去皮。清洗时应将整个黄瓜在盐水里浸泡15分钟，这样能更好地清洗掉黄瓜皮上的农药残留。

养颜补血
甜菜香橙西柚汁

🕐 10分钟　　🔨 低

甜菜富含维生素B₁₂和铁，具有活血、补血的食疗功效。搭配香橙与西柚制成果蔬汁，不仅好喝，还能美容养颜，加快肠胃蠕动，清除体内的垃圾，养出好气色。

主料

甜菜170克 | 香橙150克 | 西柚200克 | 香梨250克

辅料

冰块少许

做法

1　甜菜洗净，去皮、去根，切成小块待用。

2　香橙去皮，去籽，切成4瓣待用。

3　西柚去皮，去籽，切成小块待用。

烹饪秘籍

喜欢果蔬汁的水分多一点，口感甜一些的，可以适当增加香梨的用量。

4　香梨洗净，去皮，去核，切成小块待用。

5　将甜菜块、香橙块、西柚块、香梨块一起放入榨汁机中搅打均匀。

6　将打好的甜菜香橙西柚汁倒入杯中，加入冰块，搅拌均匀即可

生菜香蕉柠檬汁

⏰ 10分钟　🥄 低

主料

生菜150克 ┃ 香蕉250克 ┃ 柠檬70克

辅料

蜂蜜少许

做法

1　生菜去根，洗净，切成小段待用。
2　香蕉去皮，切成小块待用；柠檬洗净，去核，切成薄片待用。
3　将生菜段、香蕉块、柠檬片一起放入榨汁机中。
4　加入少许蜂蜜和50毫升饮用水，搅打均匀即可。

烹饪秘籍

最好使用花叶生菜榨汁，因为花叶生菜的食用部分含水量比较高。

美颜瘦身一举两得

番茄甜橙西芹汁

⏰ 10分钟　🥄 低

主料

番茄200克 ┃ 甜橙300克 ┃ 西芹100克

辅料

盐2克

做法

1　番茄洗净后去皮、去蒂，切成小块待用。
2　甜橙切成4瓣，去皮、去核待用。
3　西芹洗净后撕去老筋，切成小段待用。
4　将番茄块、甜橙瓣、西芹段一起倒入榨汁机中，加入盐，搅打均匀即可。

烹饪秘籍

西芹榨汁后味道有点略苦，可以根据自己的口味适当加入一些甜橙或者蜂蜜进行调味。

喝出粉嫩好气色
胡萝卜生姜柳橙汁

⏰ 10分钟　　🥄 低

主料

胡萝卜230克 ┃ 生姜5克 ┃ 柳橙200克

辅料

蜂蜜少许

做法

1　胡萝卜洗净，切成小块待用。
2　生姜洗净，去皮，切成片待用；柳橙去皮，去核，切成4瓣待用。
3　将全部蔬果一起放入榨汁机中。加入少许蜂蜜和100毫升饮用水，搅打均匀即可。

> **烹饪秘籍**
> 果蔬汁制作完成后冷藏一下，口感会更好。

增强肌肤抵抗力
胡萝卜苹果橘子汁

⏰ 10分钟　　🥄 低

主料

胡萝卜150克 ┃ 苹果200克 ┃ 橘子200克

辅料

蜂蜜少许

做法

1　胡萝卜洗净，切成小块；苹果洗净，去核，切成小块；橘子去皮，剥瓣、去籽。
2　将全部蔬果一起放入榨汁机中，加入少许蜂蜜和80毫升凉白开，搅打均匀即可。

烹饪秘籍

如果时间充足，可以将胡萝卜汆烫后再切块榨汁，这样的口感和营养更好。

暖身暖心
红枣生姜橘子汁

🕐 10分钟　🥄 低

红枣富含维生素和氨基酸，是天然的美容食品，可以补中益气、养血安神、抗衰老。红枣和生姜这对老搭档，搭配甜美的橘肉，调出新的口感体验。一口下去，甜而不腻，清新可口，让你从此爱上它。

主料

红枣65克 ▎ 生姜3克 ▎ 橘子300克

辅料

蜂蜜少许

做法

1 红枣洗净，切成两半，去核待用；生姜洗净，去皮，切片待用。

2 橘子去皮，剥瓣，去籽待用。

3 将红枣、生姜、橘子一起放入榨汁机中。

4 加入少许蜂蜜和100毫升饮用水，搅打均匀。

5 将搅打好的果蔬汁用滤网过滤即可。

烹饪秘籍

红枣、生姜、橘子搅打后果渣较多，过滤后的口感会更好。

抗氧化的养颜汁
番茄草莓橘子汁

🕐 10分钟　🥄 低

抗氧化少不了草莓与番茄的帮忙。草莓富含维生素C，有延缓衰老和美白的功效；番茄富含番茄红素，这是一种抗氧化物质，可以清除体内自由基。此款果蔬汁酸甜味美，抗衰养颜，很值得一试。

主料

番茄300克 ┃ 草莓240克 ┃ 橘子200克

辅料

蜂蜜少许

做法

1　番茄洗净后去皮、去蒂，切成小块待用。

2　草莓洗净，去蒂，切成两半待用。

3　橘子去皮，剥瓣、去籽待用。

烹饪秘籍

草莓需要先在盐水里浸泡2～5分钟，这样能更好地去除表面的残留物。

4　将番茄、草莓、橘子一起放入榨汁机中。

5　加入少许蜂蜜，搅打均匀即可。

酸甜可口，娇艳欲滴
红心火龙果
香蕉思慕雪

🕐 10分钟　🔨 低

红色的火龙果与黄色的香蕉相互映衬，色彩方具浓亮。加入酸酸甜甜的酸奶，使口感层次更加分明。早晨来一杯，可以加快肠道蠕动，有排毒养颜、促进消化的功效。

主料
香蕉1根 ┃ 红心火龙果150克

辅料
酸奶200毫升

做法

1　香蕉去皮，切成薄片，留下5~10片待用，剩下的放入榨汁机中。

2　准备一个透明的玻璃杯，将香蕉片贴在杯内，用手指轻轻按紧，以免下滑。

3　红心火龙果切去两端，去掉果皮，切成小块，留下5~8块用作装饰，剩下的放入榨汁机中。

烹饪秘籍
在挑选红心火龙果时，应挑选色泽鲜艳、分量重的。颜色越鲜艳，说明火龙果越成熟，味道会比较甜；重量越重，说明果肉越丰满，果汁较多。

4　将酸奶倒入榨汁机中，与红心火龙果、香蕉一起搅打均匀。

5　将搅打好的红心火龙果香蕉思慕雪倒入杯中，倒至八分满。

6　最后在杯子顶层撒上火龙果块装饰即可。

酸甜浓郁，一尝倾心
猕猴桃香蕉思慕雪

⏰ 10分钟　🥄 低

猕猴桃多汁而酸爽，绿绿的颜色让人一扫疲惫，香蕉绵软而香甜，有着奶油一般的口感。搭配牛奶和巧克力做出的思慕雪，让人一见倾心，一尝钟情。

主料

猕猴桃1个（约100克）｜香蕉1根（约100克）
牛奶200毫升

辅料

核桃仁半颗 ｜ 巧克力酱适量

烹饪秘籍

猕猴桃不宜选用过硬或者过软的果实，过硬酸度太高口感差，也难以去皮。过软的不易切成圆片。用手稍微用力可以按动，留下浅浅的印痕的，熟度刚刚好。

做法

1　猕猴桃切去两端，用勺子贴果皮挖出果肉。

2　在猕猴桃的中段切三四片厚度约0.2厘米的圆片，贴在杯壁上。

3　将剩余的猕猴桃切成小块。

4　香蕉去皮，切1片厚度约0.2厘米的圆片，余下的切成小块。

5　将猕猴桃块、香蕉片、牛奶一起放入搅拌机。

6　搅打1分钟，成为猕猴桃香蕉思慕雪。

7　将打好的思慕雪倒入贴好了猕猴桃片的杯子里。

8　在最上端放上香蕉圆片，点缀上核桃仁，挤上巧克力酱即可。

完美诠释"蔬果汁"

西部果园思慕雪

🕐 10分钟　　🥄 低

番茄既是蔬菜也是水果，其口味偏酸，还带有一丝甜味，单独榨汁并不好喝，但是与苹果搭配在一起却非常美味，仿佛置身于果园之中，充满了维生素的气息。

主料

番茄50克 ┃ 苹果50克 ┃ 柠檬50克
酸奶200毫升

辅料

新鲜柠檬香蜂草叶若干片

做法

1　番茄去蒂，洗净，切成小块。

2　苹果洗净，去核，切成小块。

3　柠檬切去一端，然后切成尽量薄的薄片，选取大小相差不大的3片。

烹饪秘籍

柠檬香蜂草在稍具规模的花卉市场香草区均可见到，如果购买不到也可以用薄荷叶代替。

4　将番茄块、苹果块、酸奶一起放入搅拌机。

5　搅打1分钟，成为番茄苹果思慕雪。

6　将柠檬片贴在杯壁上，倒入思慕雪，点缀上柠檬香蜂草的叶子即可。

不容错过的蜜桃季
桃乐多思慕雪

⏰ 10分钟　🥄 低

水蜜桃上市的季节非常短暂，所以当季时一定不要错过。配上酸香的蜜柚和甜滋滋的养乐多，健康又甜蜜。

主料

水蜜桃50克 ｜ 红心蜜柚50克 ｜ 酸奶100毫升
养乐多100毫升

辅料

杏仁片若干片

👨‍🍳
—— 营养贴士 ——

水蜜桃的蛋白质含量是苹果的3倍，铁元素是苹果的3倍，还富含多种维生素，具有美肤、养胃、润肺、祛痰等功效。

做法

1　水蜜桃洗净，对半切开，去核。

2　将水蜜桃切几片半圆形的薄片，余下的切成小块。

3　红心蜜柚去皮，剥去瓣膜，去籽，取果肉备用。

4　将水蜜桃块、红心蜜柚（留下几小块做点缀用）、酸奶、养乐多一起放入搅拌机。

5　搅打1分钟，成为水蜜桃蜜柚思慕雪。

6　将水蜜桃片贴在杯壁上，倒入打好的思慕雪，点缀上蜜柚果肉，撒上杏仁片即可。

烹饪秘籍

水蜜桃以江苏无锡阳山产区为最佳。如果没有应季的水蜜桃，也可以选用别的品种的桃子。

好吃好看，营养足

芒果香橙思慕雪

🕐 10分钟　🥄 低

细嫩多汁的芒果，搭配甜美清新的香橙、醇厚香浓的酸奶，口感层次分明，层层递进，瞬间就能唤醒你挑剔的味蕾。好看、好吃之余，营养还特别丰富，既能清肠排毒，还能增强免疫力，促进消化。

主料

芒果200克 ┃ 香橙150克

辅料

酸奶200毫升 ┃ 薄荷叶2片

做法

1　香橙洗净，切下五六片待用，剩下的去皮，切成小块，放入榨汁机中。

2　准备一个透明的玻璃杯，将香橙片贴在杯内，用手指轻轻按紧，以免下滑。

3　芒果洗净，去皮、去核，切成小块，留六七块待用，剩下的放入榨汁机中。

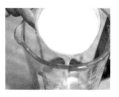

4　将酸奶倒入榨汁机中，与香橙块、芒果块一起搅拌均匀。

5　把搅打好的芒果香橙思慕雪倒入玻璃杯中。

6　最后在杯顶放上剩下的芒果块，加上薄荷叶点缀装饰即可。

烹饪秘籍

用来制作思慕雪的酸奶应挑选原味、黏稠度高的酸奶。

低卡饱腹营养多
橘子哈密瓜
思慕雪

⏰ 10分钟　🥄 低

酸甜的橘子搭配香甜的哈密瓜制作而成的思慕雪，香甜中带有微微的酸，满满的维生素C可以增强皮肤弹性，又能消除身体疲劳，午餐时来一杯，低卡又饱腹。

主料
橘子150克 ▎哈密瓜200克

辅料
养乐多1瓶 ▎酸奶50毫升

做法

提前一晚做法 1

1　提前一天将哈密瓜洗净，去皮、去籽，切小块，放入冰箱中冷冻备用。

早晨做法 2→6

2　将冷冻好的哈密瓜和养乐多一起放入榨汁机中，搅打均匀。

3　将搅打好的哈密瓜养乐多倒在玻璃杯中，至八分满。

烹饪秘籍

哈密瓜如何快速去皮：将哈密瓜洗净，对半切开，去除里面的瓜瓤，再把哈密瓜切成多瓣，用水果刀沿着瓜皮，将瓜皮与瓜肉分开。

4　然后将酸奶淋在上面。

5　橘子去皮，剥瓣，放入碗中，用工具捣碎。

6　将捣出的橘子汁淋在酸奶上面即可。

瘦身一族的减脂秘方
无花果树莓
思慕雪

🕐 10分钟　　🥄 低

无花果味道甘甜，树莓酸甜多汁，酸奶醇厚酸甜，口味层层递进。早餐时用它来搭配面包，既美味又营养。这道果汁富含维生素和氨基酸，可以消除疲劳，增强抵抗力，还能轻身消脂，有助于减肥。

主料

无花果80克 ｜ 树莓200克

辅料

酸奶50毫升 ｜ 蜂蜜少许

做法

1　无花果洗净，切成薄片，留下3~5片待用，剩下的放入榨汁机中。

2　准备一个透明的玻璃杯，将无花果片贴在杯内，用手指轻轻按紧。

3　树莓洗净，留下6颗用作装饰，其余的放入榨汁机中。

4　将榨汁机中加入蜂蜜，与无花果、树莓一起搅打均匀。

5　将搅打完成的果汁倒在玻璃杯中，倒至八分满。

6　在上面淋酸奶。

7　最后放上树莓点缀装饰即可。

烹饪秘籍

如果购买不到新鲜的树莓，也可以购买冷冻的树莓。

保护眼睛的小帮手
蓝莓果仁思慕雪

⏰ 10分钟　🍳 低

早上来一杯酸甜可口的蓝莓果仁思慕雪，让丰富的花青素保护你的眼睛，混合干果可增加你的饱腹感，低卡营养，味道好，特别适合爱美的你。

主料

蓝莓120克 ┃ 酸奶350毫升 ┃ 混合干果少量

辅料

蜂蜜少许

做法

1　蓝莓洗净，留出10颗待用，剩下的倒入榨汁机中。

2　将250毫升酸奶倒入榨汁机中，加入少许蜂蜜，与蓝莓一起搅打均匀。

3　准备一个玻璃杯，将搅打好蓝莓酸奶倒入玻璃杯中，至八分满。

烹饪秘籍

在挑选蓝莓时应选择深紫色的，颜色较深的蓝莓比较成熟，口感更好一些。蓝莓放置时间久了，会有腐烂小坑，这样的蓝莓不新鲜，挑选时应注意。

4　将100毫升酸奶均匀地淋在搅打好的蓝莓思慕雪上面。

5　取少量混合干果撒在酸奶上面。

6　最后放上蓝莓点缀装饰即可。

草莓红提燕麦思慕雪

⏰ 10分钟　🥄 低

香甜的燕麦含有丰富的矿物质，与草莓和红提搭配，酸酸甜甜，非常可口，再加上酸奶，让口感升级，层次丰富，不仅美味，更能缓解疲劳，还是美容养颜的食疗餐。

主料

草莓200克 ｜ 红提3颗 ｜ 即食燕麦片15克

辅料

酸奶200毫升

做法

1　草莓洗净，去蒂，切片，留下5~8片待用，剩下的放入榨汁机中。

2　准备一个透明的玻璃杯，将草莓片贴在杯内底部，用手指轻轻按紧。

3　把酸奶倒入榨汁机中，与草莓一起搅打均匀。

4　把搅打完的草莓思慕雪倒入玻璃杯中，至九分满。

5　将即食燕麦片撒在草莓思慕雪上面。

6　红提洗净，用刀从中间切一圈V字花形，放在燕麦上面装饰即可。

烹饪秘籍

清洗红提时，先将红提用剪刀一颗一颗剪下来放入盆中，再倒入少许面粉，加入刚没过红提的水，来回搓洗，这样更能有效地将红提表皮的农药及残留物清洗干净。

PART **09**

预制美味来帮忙

美味肉松

⏰ 120分钟 🍴 中 📦 冷藏10天

不知从什么时候开始，肉松的"魔爪"延伸到了美食界的各个角落。它的超百搭个性让其无所畏惧，四处游走，终于俘获了一大票吃货的胃。

主料

猪后腿肉500克

辅料

生姜5克 ▎冰糖50克 ▎老抽1汤匙

料酒1汤匙 ▎十三香15克 ▎盐适量

烹饪秘籍

做肉松一定要选猪后腿全瘦肉，不能带筋或肥肉，不然会影响制作工序和口感；最后炒制肉松时，一定要有耐心，小火慢慢炒至蓬松，切不能心急。

做法

1 猪后腿肉洗净切大块，焯水后捞出洗净待用；生姜片去皮洗净，切片待用。

2 将焯好水的猪肉块再次放入锅中，加入适量清水。

3 加入料酒、老抽、冰糖、十三香、姜片、盐，大火煮至开锅。

4 开锅后转小火焖煮约1小时，至猪肉酥烂。

5 煮好的猪肉取出，稍微放凉，用手撕成细丝，越细越好。

6 撕好的肉丝倒入料理机中，搅打成碎末状。

7 炒锅烧热，下打碎的肉松，小火慢慢干炒至肉松水分蒸发，呈蓬松状即可。

8 肉松彻底放凉后，保存在干燥密封的容器中，放在干燥通风处保存，吃的时候用干净筷子夹取即可。

越黑越香
醋泡黑豆

⏰ 30分钟　🥄 低　🗄 冷藏15天

营养丰富的黑豆经过醋的浸泡能更好地释放出营养元素，味醇浓厚。餐前来几颗醋泡黑豆，既能吃出苗条身材，也能加倍吸收营养。

主料
黑豆200克 ▎醋400毫升

👨‍🍳
营养贴士

民间有"常食黑豆，可百病不生"的说法，自古对黑豆的评价很高，黑豆有滋补肝肾的食疗作用。黑豆中含有花青素、丰富的维生素E，都是抗氧化剂成分，减少体内自由基，常食可助女性美容养颜、抗衰老。

做法

1　黑豆洗净，沥干水备用。

2　将黑豆放入平底锅中，中火干炒，炒至能闻到豆香后再炒5分钟。

3　待黑豆表皮全部裂开时关火。

4　将黑豆盛出，放在通风处放凉。

5　取一无水无油的密封容器，放入冷却的黑豆。

6　加入醋，盖盖密封，放置阴凉处或冰箱冷藏保存7天后即可食用。随吃随取，非常方便。

烹饪秘籍

1. 醋有腐蚀性，不要用塑料容器进行浸泡。

2. 如浸泡中醋有混浊现象，可将旧醋倒出，倒入新醋。

3. 胃酸过多或肠胃虚弱的人群，不建议经常食用。

开胃小菜非他莫属
酱萝卜

🕐 70分钟　🥄 低　🗄 冷藏10天

炎热的夏季，吃什么都没胃口？那不妨在饭前来两片爽口的酱萝卜，先把胃口提起来，瞬间让你食欲大振！

主料

白萝卜1根

辅料

盐1汤匙 ┃ 白糖2汤匙 ┃ 生抽1汤匙 ┃ 白醋1汤匙

烹饪秘籍

白萝卜最好切成1毫米左右的薄片，这样的厚度，调料的味道很容易进去，腌制后的白萝卜也比较有口感。

做法

1　白萝卜洗净，切去头尾，不要去皮。

2　洗好的白萝卜切薄片。

3　将白萝卜片放入大碗中，放入盐，拌匀腌制30分钟。

4　腌制好的白萝卜片会出水，把水挤干。

5　在白萝卜片中放入1汤匙白糖，腌30分钟，再挤干水。

6　将处理好的白萝卜片放进保鲜盒。

7　放入1汤匙生抽、1汤匙白糖、1汤匙白醋和7汤匙饮用水，拌匀，盖上盖子，腌制两天即可。随吃随取，非常方便。

酸甜爽脆
四川泡菜

⏰ 30分钟　🍴 中　🧊 冷藏15天

泡菜是四川人家中常备的小菜。餐前食用有开胃的功效，如果饮食太过油腻，佐餐或者餐后食用，也能立刻让人神清气爽。

主料
圆白菜1棵 | 胡萝卜2根 | 黄瓜2根
辅料
盐1汤匙 | 白糖2汤匙 | 米醋250克 | 干辣椒6个
八角2个 | 花椒10克

做法

1　圆白菜洗净，撕成块；黄瓜、胡萝卜洗净，切长条，沥干水。

2　锅中注入250毫升清水，烧开，加入盐、白糖和米醋，搅拌均匀，放凉备用。

3　玻璃密封罐洗净，沥干水分。

4　把圆白菜块、黄瓜条和胡萝卜条放入玻璃瓶中。

5　加入冷却好的调料水。

6　放入干辣椒、八角和花椒，盖上盖子。

7　放进冰箱，腌制5天即可食用。随吃随取，非常方便。

烹饪秘籍
每次取泡菜时，要用无油无水、完全干净的筷子，否则泡菜会变质。

传统小菜的魅力
八宝酱菜

🕐 30分钟　🥄 中　🧊 冷藏5天

八宝酱菜是一道传统的酱料菜，我从小吃到大。
八宝酱菜的颜色浓郁、滋味咸香，是名副其实的
米饭杀手！

主料

黄瓜2根 ┃ 洋葱1个 ┃ 尖椒2个 ┃ 生姜30克
大蒜1头

辅料

酱油2汤匙 ┃ 陈醋1汤匙 ┃ 白酒1茶匙
盐1汤匙 ┃ 白糖1茶匙

烹饪秘籍

黄瓜、尖椒等食材一定要洗干净后彻底晾干，
才能进行浸泡这一步骤，这样可以保证食材的
存储时间延长，不易变质。

做法

1　黄瓜洗净、切成大约8厘米的长条。

2　尖椒洗净、去蒂，从中间剖开，切段。

3　黄瓜条和尖椒段晾晒一天。

4　酱油、陈醋分别放入锅中加热，放凉。

5　大蒜剥皮、切片；生姜去皮切片；洋葱去皮、切丝。

6　取一个大盆，放入黄瓜条、洋葱丝、尖椒段、蒜片和姜片。

7　倒入放凉的生抽和陈醋，再加入白酒、盐和白糖，搅拌均匀。

8　把玻璃保鲜盒放入开水烫30秒消毒，晾干后，将步骤7的材料倒入玻璃保鲜盒中，腌制三天即可。随吃随取，非常方便。

韩国迷的最爱
韩式泡菜

⏰ 20分钟 🔨 中 🧊 冷藏5天

韩式泡菜是韩国餐桌上不可或缺的小菜，近年受到越来越多国人的喜爱。白菜在经过腌制及调味之后，形成了独特的口感，非常下饭。

主料
白菜1棵 ▎苹果1个 ▎梨1个
辅料
辣椒粉150克 ▎盐1汤匙 ▎生姜30克 ▎大蒜1头

做法

1 白菜去根，除去外面的老叶子。

2 将白菜洗净，横切开。

3 取一个大盆，放入白菜，在白菜上均匀地撒上盐，腌制一晚至白菜变软。

4 苹果、梨洗净，去皮、去核。

5 分别将苹果和梨放入榨汁机中搅成果泥。

6 生姜去皮、切末；大蒜去皮、切末。

7 将腌好的白菜挤干水。

8 在白菜的每片叶子上均匀地涂抹上辣椒粉、姜末、蒜末和果泥。

9 放入无油、无水的密封容器中，再放入冰箱，腌制3~5天即可食用。

烹饪秘籍
在涂抹辣椒粉时一定要戴手套，这样可以避免辣椒粉对皮肤产生刺激。

下酒小菜
牛板筋

⏰ 70分钟　🔨 中　🗄 冷藏2天

牛板筋，是牛背部的主大筋。在腌制之后，牛板筋越嚼越有味，深受年轻朋友的喜爱。作为早餐小菜非常合适。

主料
牛板筋1根

辅料
辣椒粉1汤匙 ｜ 白糖1茶匙 ｜ 盐1茶匙
花椒粉1/2茶匙 ｜ 孜然粉1/2茶匙 ｜ 香油1茶匙
料酒1汤匙 ｜ 大蒜3瓣 ｜ 生姜20克 ｜ 食用油适量

做法

1　牛板筋清洗干净。

2　锅中烧开水，放入牛板筋，加入料酒，煮开后，转小火煮50分钟。

3　煮好的牛板筋自然冷却。

烹饪秘籍
刮掉牛板筋的筋膜是为了切的时候更好操作，否则牛板筋表层的脂膜会滑刀。

4　用刀将牛板筋上面的脂膜刮干净。

5　将牛板筋斜切成大薄片。

6　大蒜剥皮、切末；生姜洗净、切末。

7　炒锅烧热放油，放入蒜末和姜末炒香。

8　转小火，加入辣椒粉、白糖、盐、花椒粉、孜然粉和香油翻炒后关火。

9　待炒好的料冷却后，倒入切好的牛板筋中拌匀。可放入冰箱冷藏保存，随吃随取，非常方便。

超级下饭菜
三杯小酱瓜

🕐 15分钟 ｜ 🥄 低 ｜ 📦 冷藏5天

三杯小酱瓜是一种经典的泡菜，是采用酱油、白醋和白糖制作而成，三者缺一不可。将黄瓜密封制成泡菜，口感独特，是一款下饭佐粥常备的咸菜。

主料

黄瓜2根

辅料

生抽2汤匙 ｜ 白醋1汤匙 ｜ 白糖1汤匙

做法

1 锅中放入生抽、白醋和白糖，小火煮至白糖全部溶化，关火放凉。

2 黄瓜洗净，切薄片。

3 锅中烧开水，关火，把玻璃保鲜盒放入烫30秒，消毒。

4 玻璃保鲜盒晾干至完全没有水渍。将小黄瓜放入保鲜盒中。倒入放凉的酱汁，腌制一夜即可食用。随吃随取，非常方便。

烹饪秘籍

除了切薄片，黄瓜也可以切小段，这样腌制好的小酱瓜更有口感。

酸酸甜甜就是我

蜂蜜柠檬浸圣女果

⏰ 20分钟　🥄 低　🧊 冷藏2天

主料

圣女果200克

辅料

柠檬1/2个 ❘ 蜂蜜1汤匙

烹饪秘籍

如有蜂蜜柠檬汁可直接使用。

做法

1. 圣女果洗净去蒂，在顶端划十字，整颗放入开水中烫10秒左右，捞出撕去圣女果的外皮。
2. 切2片柠檬备用，将剩余部分挤出柠檬汁，倒入去皮的圣女果中，和蜂蜜轻轻搅拌，使圣女果裹上一层柠檬蜜。
3. 放入柠檬片，冷藏保存。随吃随取，非常方便。

粉红少女心

冰爽草莓奶冻

⏰ 25分钟　🥄 低　🧊 冷藏1天

主料

草莓10颗 ❘ 牛奶200毫升
淡奶油50毫升

辅料

白糖25克 ❘ 吉利丁片6克

烹饪秘籍

可将牛奶换成椰汁，将淡奶油换成椰浆，就是椰奶冻啦。

做法

1. 草莓洗净去蒂，切成小块；将吉利丁片在冰水中泡软。
2. 将泡软的吉利丁和白糖放入约50毫升温水中，搅拌至充分溶化后，再与牛奶和淡奶油混合，搅拌均匀成奶冻液。
3. 将草莓块放入容器中，倒入奶冻液，放入冰箱冷藏3小时左右。随吃随取，非常方便。

网红爆款的非凡魅力
隔夜酸奶燕麦杯

⏰ 10分钟　🥄 低　🗄 冷藏1夜

一夜之间风靡全球的隔夜酸奶燕麦杯，火起来不是没有它的道理：制作方便，取材简单，还能根据个人口味随意调整，晚上顺手做好一杯，第二天一早取出就能食用，这样的好食物谁会错过呢?

主料

即食免煮燕麦片30克 ▮ 红心火龙果50克

猕猴桃50克 ▮ 原味酸奶200毫升

辅料

新鲜薄荷嫩叶

烹饪秘籍

1. 水果可以任意替换为自己喜欢的：草莓、蓝莓、黄桃……
2. 放置水果的时候可以将水果切成薄片，先贴在杯壁上，再进行后续操作，一份兼具营养和小清新气质的高颜值早餐就是这么简单!

做法

1　准备一个容量在350毫升左右的透明玻璃杯，洗净，用厨房纸巾擦干水。

2　用厨房秤称取定量的即食免煮燕麦片，备用。

3　红心火龙果挖出果肉，切成小粒。

4　猕猴桃洗净去皮，去除中间的硬心，切成小粒。

5　在杯底撒1/3量的燕麦片，倒入1/3量的酸奶。

6　继续撒上1/3量的燕麦片，然后轻轻撒入切好的红心火龙果粒。

7　再倒入1/3量的酸奶，撒上剩余的燕麦片，轻轻撒入切好的猕猴桃粒。

8　倒入剩余的酸奶，放入冰箱冷藏室过夜，第二天早晨取出后，于顶端放上几片新鲜薄荷嫩叶即可。

胡同里的味道——
老北京宫廷奶酪

⏰ 40分钟　🥄 高　🧊 冷藏1天

这是一道老北京传统小吃，宋朝词人辛弃疾形容它"香浮乳酪玻璃碗，年年醉里偷尝惯"，可见美味绝非一般。

主料

牛奶250毫升 ▎ 米酒100毫升

辅料

蜜红豆适量

烹饪秘籍

如果想吃热的，早上起床放入微波炉加热30秒即可。在蒸奶酪的时候要全程保持小火，火大了奶酪会变得粗糙。

做法

1　米酒过筛，将汤汁和米粒分离，只保留汤汁。

2　奶锅加热，倒入牛奶，煮至锅边冒小泡关火。

3　牛奶冷却后，把米酒缓缓倒入。

4　将牛奶和米酒搅拌均匀。

5　把搅拌好的奶汁倒入一个干净的碗中，盖上一层保鲜膜，用牙签戳几个洞。

6　蒸锅中烧开水，将碗放上去，转小火蒸20分钟。

7　蒸好后放入冰箱冷藏保存。

8　吃的时候取出冷藏好的奶酪，撒上蜜红豆即可。

夏日必备甜品
木瓜椰奶冻

⏰ 30分钟　　🥄 低　　🧊 冷藏1天

甜甜的木瓜配上香浓的椰奶，无论是色泽还是味道都相当诱人，最适合炎热的夏季食用，清凉爽口，滋味无穷！

主料

木瓜1个 ┃ 牛奶200毫升
椰汁10克 ┃ 吉利丁片2片

辅料

白糖1/2茶匙

做法

1 取一碗凉水，放入吉利丁片泡软。

2 牛奶放入锅中，加入椰汁和白糖。

3 全程小火，熬至白糖溶化。

4 将泡好的吉利丁片放入热牛奶中，搅匀放凉。

5 木瓜从1/4处切开，舀出里面的子。

6 将木瓜的内壁适当刮一刮，使其表面光滑。

7 将木瓜放入一个大容器中，保持不倒，倒入牛奶液。

8 用保鲜膜将木瓜口包住，放入冰箱冷藏保存。

9 吃的时候取出木瓜，撕开保鲜膜，对半切开，再切小块即可。

── 营养贴士 ──

木瓜富含胡萝卜素和维生素C，有很强的抗氧化能力，能帮助机体修复组织，增强人体免疫力，非常适合女性食用。

烹饪秘籍

牛奶也可替换成椰浆或者椰奶，白糖也可根据自己的口味来决定量的多少。

童年的味道
核桃酥

⏰ 30分钟　🥄 高　🗄 常温5天

核桃酥是著名小吃，在儿时的记忆中尤其深刻，金黄油亮、质地细腻、香酥可口。

主料

低筋面粉115克 ┃ 鸡蛋1颗 ┃ 核桃仁50克

辅料

白糖45克 ┃ 小苏打0.8克 ┃ 泡打粉1.5克
猪油40克 ┃ 黑芝麻少许

做法

1 核桃仁放入烤箱中层，180℃烤8分钟。

2 烤好的核桃放凉擀碎备用。

3 找一个大碗，放入猪油、磕入鸡蛋、撒入白糖混合均匀。

4 将低筋面粉、小苏打和泡打粉混合过筛后倒入鸡蛋液中。

5 倒入核桃碎充分抓匀成面团。

6 将面团均匀分成8份圆球，放入冰箱冷藏备用。

7 烤盘上放上一层吸油纸。

8 将面团球压扁放入烤盘中。

9 撒上几粒黑芝麻。

10 放入烤箱180℃，烤15分钟至两面金黄即可。放入干净容器中保存，随吃随取。

👨‍🍳
— 营养贴士 —

核桃营养价值丰富，有"万岁子""长寿果""养生之宝"的美誉。但核桃含有较多脂肪，多食会影响消化，所以不宜一次吃得太多。

烹饪秘籍

在团成圆球压扁的时候，随意压就行，小心翼翼按压反而出不来桃酥漂亮的开边。烤制时间依据个人烤箱而定。

香蕉燕麦条

⏰ 40分钟　🥄 低　🧊 常温3~5天

用燕麦和香蕉做的能量棒，热量低又可以延缓胃排空，烘烤后味道也很香，特别适合健身减肥人群。

主料

香蕉200克 ▎即食燕麦160克

辅料

蜂蜜2茶匙 ▎葡萄干10克 ▎蔓越莓干10克

做法

1　香蕉去皮，放入碗中，用勺子捣碎。

2　加入即食燕麦、蜂蜜、葡萄干、蔓越莓干搅拌均匀。

3　将混合好的材料放入模具，用勺子压紧实。

4　放入180℃预热的烤箱中层，烤25分钟。

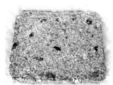

5　取出，放在网架上冷却。

6　冷却后切成条，密封保存即可。随吃随取，非常方便。

烹饪秘籍

1. 最好选即食燕麦片，口感比生的整粒燕麦好。

2. 香蕉要选熟透的，能轻松压成泥而且更甜。如果没有完全变软，可以放微波炉里加热至香蕉皮变黑，就容易压成泥了。

下午茶的最佳搭档
核桃意式脆饼

⏰ 60分钟　🥄 中　🧊 常温3~5天

意式脆饼是一种需要烘烤两次的饼干，油脂含量低，可以添加任意喜欢的坚果，口感酥脆，风味香醇，是一款适合常备的早餐小点心。

主料
低筋面粉150克 ┃ 核桃仁30克 ┃ 鸡蛋1颗（约55克）

辅料
泡打粉3克 ┃ 牛奶20毫升 ┃ 白糖40克 ┃ 黄油20克

烹饪秘籍
1. 意式脆饼需要烘烤两次，第一次主要是定形，第二次需要低温把水分烤干。
2. 第一次烤的时候表面不要烤得太脆，否则切的时候容易碎。
3. 可以添加其他喜欢的坚果，也可以添加可可粉、抹茶粉等，做成多种口味。

做法

1 核桃仁放入150℃的烤箱，烤10分钟至香脆。

2 黄油在室温下软化，加入白糖搅打均匀。

3 磕入鸡蛋，加入牛奶搅打均匀。

4 低筋面粉和泡打粉混合均匀，加入蛋液中。

5 翻拌至面粉全部湿润，加入核桃仁，揉成面团。

6 将面团整理成宽约5厘米、厚约1.5厘米的长条状，放入180℃预热的烤箱中层烤20分钟。

7 取出，稍微冷却后切成约1厘米宽的长条。

8 再放入烤箱，160℃烘烤20分钟至酥脆即可。

烹饪秘籍

必须使用面面的铁棍山药，不能是水分很多的脆山药。

健康小零食
蔓越莓山药手指饼干

⏰ 40分钟　🥄 低　🧊 常温3~5天

主料

铁棍山药1根（约150克）▏蔓越莓干20克
蛋清1个

辅料

白糖10克

做法

1　铁棍山药洗净去皮，切成薄片。锅中烧开水，放入山药片蒸20分钟，出锅后碾成泥。

2　在山药泥中放入切碎的蔓越莓干、蛋清和白糖，搅拌均匀后装入裱花袋中。

3　将烤箱预热至170℃，在铺有油纸的烤盘中，将面糊挤成3~5厘米的长条，将烤盘送入烤箱中层，上下火烤15分钟即可。

甜蜜的回味
焦糖杏仁片

⏰ 20分钟　🥄 低　🧊 常温3~5天

主料

黄油25克▏蜂蜜25克▏低筋面粉10克
杏仁片45克

辅料

白糖10克

做法

1　将黄油、蜂蜜和白糖放入碗中，微波炉中火加热20秒至黄油融化。

2　在黄油混合物中筛入低筋面粉，倒入杏仁片，搅拌均匀。

3　将面糊倒入铺有油纸的烤盘中摊平。将烤盘送入预热至185℃的烤箱中下层，烘烤12分钟，稍稍放凉即可切片。

烹饪秘籍

面糊尽量摊薄，这样烘烤后才会酥脆。烘烤的最后几分钟需要密切观察，面糊烤至金黄色即可，千万不要烤焦。

嘎嘣脆
果仁可可脆片

⏰ 30分钟　🥄 低　🧊 常温3～5天

可可脆片是风靡已久的网红小甜点，果仁香，
饼干脆，吃到的所有人都一致表示：停不
下来！

主料
夏威夷果仁80克 ┃ 黄油58克 ┃ 黑巧克力5克
鸡蛋1颗 ┃ 蛋清1个 ┃ 淡奶油10毫升 ┃ 白糖28克
低筋面粉35克 ┃ 可可粉4克

辅料
蜂蜜10毫升

做法

1　将8克黄油、黑巧克力和蜂蜜放
入碗中，微波炉加热40秒，融化成
液体后放入夏威夷果仁搅拌均匀。

2　将50克黄油放入微波炉中加热
30秒，然后和鸡蛋、蛋清、淡奶
油、白糖混合，搅拌均匀。

3　在第2步的液体中筛入低筋面粉
和可可粉，搅拌成均匀的面糊。

4　舀一勺面糊倒入铺有油纸的烤盘
中，上面放一颗果仁，做好后将烤
盘送入烤箱中，160℃烘烤20分钟。

烹饪秘籍
可以使用腰果或扁
桃仁，若果仁太大，
需要一切为二后再
使用。

餐桌的常客
牛肉酱

🕐 10分钟　🥄 低　🧊 冷藏3天

主料

牛里脊肉250克

辅料

甜面酱50克 ┃ 豆瓣酱30克 ┃ 豆豉50克
白糖1汤匙 ┃ 五香粉1茶匙 ┃ 干红辣椒碎3克
食用油适量

做法

1　牛里脊肉洗净，切成小丁，越细越好。
2　炒锅烧热，倒入油，放入干红辣椒碎和豆豉炒香。放入牛肉碎，炒至牛肉碎变白。
3　放入甜面酱、豆瓣酱、白糖和五香粉，小火翻炒5分钟即可出锅。

百搭万能酱
香菇肉酱

🕐 10分钟　🥄 低　🧊 冷藏3天

主料

鲜香菇6朵 ┃ 猪肉末200克

辅料

大蒜5瓣 ┃ 生姜20克 ┃ 料酒1汤匙
老干妈2汤匙 ┃ 胡椒粉1茶匙 ┃ 蚝油1汤匙
生抽1汤匙 ┃ 白糖1汤匙 ┃ 食用油适量

做法

1　鲜香菇洗净、去蒂，切丁；大蒜剥皮、切末；生姜洗净、切末。
2　锅烧热倒油，放入蒜末和姜末炒香后，放入猪肉末翻炒，加入料酒和老干妈翻炒均匀。
3　加入香菇丁，炒至出汁。加入胡椒粉、蚝油、生抽和白糖，翻炒均匀即可。

电脑一族的最爱
蓝莓酱

⏰ 40分钟　🥄 低　🧊 冷藏5~7天

蓝莓的收获季节短，要想把甜蜜封存起来，最好的方法就是做成果酱。蓝莓富含花青素，具有活化视网膜的功效，可以强化视力，减轻眼疲劳。

主料
蓝莓300克 ┃ 白糖50克
辅料
柠檬1/2个 ┃ 食用碱少许

做法

1　清洗蓝莓时，可在水中加入少许食用碱，注意不要弄破蓝莓。

2　洗干净的蓝莓沥干水，加入一半白糖腌制半小时，待蓝莓出汁。

3　锅烧热，放入蓝莓和剩下的白糖，搅拌均匀。

烹饪秘籍
柠檬在果酱中起防腐的作用，因为柠檬的抗氧化性很强。

4　小火煮30分钟，期间要不停翻动以防粘锅。

5　挤入柠檬汁，搅拌至浓稠状态即可。

6　趁热装进无油无水的密封瓶中，放凉后放入冰箱冷藏。随吃随取，十分方便。

应季的味道才正宗
黄桃果酱

🕐 40分钟　　🥄 低　　🧊 冷藏5~7天

做果酱是消灭大量水果的最佳办法。使用黄桃制作成的果酱，香甜中多了一丝清爽的滋味，足以让你唇齿留香，冷藏后食用效果更佳！

主料
黄桃500克 ❘ 白糖150克

辅料
柠檬1/2个

做法

1　黄桃洗净后去皮，切丁。

2　将黄桃丁放入大碗中，撒上白糖，并充分拌匀。

3　盖上一层保鲜膜，放入冰箱冷藏过夜，待黄桃出汁。

4　锅烧热，放入腌制好的黄桃，大火煮开后，小火煮20分钟。其间要不断搅拌，防止粘锅。

5　挤入柠檬汁，煮至浓稠即可。

6　趁热装进无油无水的密封瓶中，放凉后放入冰箱冷藏。随吃随取，十分方便。

烹饪秘籍
黄桃中果糖含量丰富，有较长的保质期。做好后的黄桃罐头，储存时间可长达数月。

酸酸甜甜就是你
山楂酱

⏰ 40分钟 ┃ 🥄 低 ┃ 🧊 冷藏5~7天

秋季是属于山楂的季节。山楂富含维生素C，但直接食用味道很酸，很多人接受不了，那么，做成甜甜的山楂酱吧，让这个秋季充满酸酸甜甜的滋味。

主料

山楂500克 ┃ 白糖200克

做法

1 山楂洗净，沥干水分。

2 将山楂去蒂、去核。

3 锅中烧开水，放入山楂，加入200克白糖。

4 大火烧开，转小火煮20分钟至山楂软烂。

5 将煮好的山楂放入料理机中，打成山楂糊。

6 将山楂糊重新倒回锅中，小火翻炒，以防粘锅，煮至没有气泡往外浮出、山楂酱黏稠，即可关火。

7 趁热装进无油无水的密封瓶中，放凉后放入冰箱冷藏。随吃随取，十分方便。

烹饪秘籍

在炒山楂糊的时候，山楂中的水分会随着温度升高而产生气泡，容易使山楂酱外溅，可以拿一个锅盖半遮住锅口，再不停翻炒。

留住美好的味道
树莓酱

🕐 40分钟 　🥄 低 　🧊 冷藏5~7天

主料

树莓500克 ▎白糖100克

辅料

柠檬半个 ▎盐适量

做法

1 树莓洗净，切成小块。取一个大碗，放入树莓块和白糖，用手捏碎，放入盐，静置半小时。
2 奶锅烧热，放入树莓酱，小火加热30分钟，其间要不断搅拌以防粘锅。
3 将柠檬汁挤到锅中，继续加热10分钟，搅拌至黏稠状态即可。
4 趁热装进无油无水的密封瓶中，放凉后放入冰箱冷藏。随吃随取，十分方便。

简单快捷零失败
芒果酱

🕐 40分钟 　🥄 低 　🧊 冷藏5~7天

主料

芒果500克 ▎白糖150克 ▎柠檬1个

做法

1 芒果去皮，切成小块。
2 锅烧热，放入芒果，加入白糖，加入适量清水，小火煮20分钟。其间不停搅拌以防粘锅。
3 挤入柠檬汁，煮至黏稠。趁热装进无油无水的密封瓶中，放凉后放入冰箱冷藏。随吃随取，十分方便。

难忘小清新
苹果酱

⏰ 40分钟　🥄 低　🧊 冷藏5~7天

主料

苹果500克 ▎白糖150克

辅料

柠檬半个

做法

1. 苹果洗净，沥干水，去皮、去核，切成小块。
2. 锅中烧开水，倒入苹果块。加入白糖，中火煮开，转小火煮30分钟。
3. 在苹果煮到比较透明时，用锅铲将苹果压成泥状。挤入柠檬汁，熬煮成浓稠状态即可。
4. 趁热装进无油无水的密封瓶中，放凉后放入冰箱冷藏。随吃随取，十分方便。

烹饪秘籍

熬煮苹果酱的糖要选用白糖，切记不可选冰糖，否则苹果会氧化变色。

烹饪秘籍

如果抹茶牛奶液倒入后有些稀，可以继续加热直至变得浓稠即可。但切记不宜熬过久，否则抹茶会变色发黄。

让你变身抹茶控
抹茶牛奶酱

⏰ 40分钟　🥄 低　🧊 冷藏1天

主料

牛奶200毫升 ▎白糖50克

辅料

抹茶粉10克 ▎淡奶油100毫升

做法

1. 取50毫升牛奶，放入奶锅加热3分钟。
2. 在温热的牛奶中倒入抹茶粉，搅拌均匀。
3. 另取一锅，倒入150毫升牛奶，加入淡奶油、白糖和剩余牛奶。
4. 小火加热，其间要不停搅拌，直至变得浓稠，关火，将前面熬好的抹茶牛奶液倒入，搅拌均匀。
5. 趁热装进无油无水的密封瓶中，放凉后放入冰箱冷藏。随吃随取，十分方便。

图书在版编目（CIP）数据

好食光 . 10 分钟暖胃早餐 / 萨巴蒂娜主编 . — 北京：中
国轻工业出版社，2023.10

ISBN 978-7-5184-4514-1

Ⅰ . ①好… Ⅱ . ①萨… Ⅲ . ①食谱 Ⅳ . ① TS972.12

中国国家版本馆 CIP 数据核字（2023）第 150746 号

责任编辑：张 弘

文字编辑：谢 兢 责任终审：劳国强 整体设计：锋尚设计

策划编辑：张 弘 谢 兢 责任校对：朱燕春 责任监印：张京华

出版发行：中国轻工业出版社（北京东长安街6号，邮编：100740）

印 刷：北京博海升彩色印刷有限公司

经 销：各地新华书店

版 次：2023年10月第1版第1次印刷

开 本：710×1000 1/16 印张：12

字 数：200千字

书 号：ISBN 978-7-5184-4514-1 定价：49.80元

邮购电话：010-65241695

发行电话：010-85119835 传真：85113293

网 址：http://www.chlip.com.cn

Email：club@chlip.com.cn

如发现图书残缺请与我社邮购联系调换

230491S1X101ZBW